渤海生态环境监测图集
Altas of eco-environment in
the Bohai Sea

曲克明　主编

科学出版社

北　京

内 容 简 介

渤海是我国内海,由北部辽东湾、西部渤海湾、南部莱州湾、中央浅海盆地和渤海海峡五部分组成,平均水深18m,面积7.7万km^2。渤海上承辽河、海河、黄河三大流域,下接黄海,沿岸为辽宁、河北、天津和山东三省一市所环绕,是我国黄渤海生物资源的产卵场、索饵场、越冬场和洄游通道,也是我国鱼类、对虾、贝类、藻类及海珍品养殖的重要区域。本监测图集包含了2013~2014年渤海生态环境监测要素的分布图,每年度监测包括海水环境、沉积环境和生物环境等三个方面。

海洋生态环境监测是海洋、渔业管理与科学研究的前提。2012年,农业部委托中国水产科学研究院黄海水产研究所,联合环渤海三省一市(山东、辽宁、河北、天津)海洋与渔业科研院所开展了渤海生态环境监测工作。

本书以图集的形式反映了2013~2014年来渤海生态环境的基本情况,可为各级海洋、渔业行政主管部门和海洋、渔业科学研究人员提供数据参考。

图书在版编目(CIP)数据

渤海生态环境监测图集/曲克明主编.—北京:科学出版社.2016.3
ISBN 978-7-03-046808-6

I. ①渤⋯ II. ①曲⋯ III. ①渤海–生态环境–环境监测–海洋监测–图集
IV. ①X834-64

中国版本图书馆CIP数据核字(2015)第309755号

责任编辑:王 静 李 迪/责任校对:张怡君
责任印制:肖 兴/封面设计:北京图阅盛世文化传媒有限公司

科 学 出 版 社 出版
北京东黄城根北街16号
邮政编码:100717
http://www.sciencep.com

中国科学院印刷厂印刷
科学出版社发行 各地新华书店经销

*

2016年3月第 一 版　开本:889×1194 1/16
2016年3月第一次印刷　印张:22 1/2
字数:640 000

定价:280.00元
(如有印装质量问题,我社负责调换)

《渤海生态环境监测图集》编辑委员会

主　　编　曲克明

副 主 编　崔正国　王年斌　吴新民　马元庆　李宝华

编写人员　（按姓氏笔画排序）

丁东生　马元庆　王年斌　白　明　曲克明

江　涛　孙　珊　孙雪梅　李宝华　吴金浩

吴新民　陈碧鹃　赵　俊　徐　勇　崔正国

慕建东

作 者 简 介

曲克明，男，1964年8月生，研究员，中国海洋大学、南京农业大学、上海海洋大学硕士生导师、全国渔业污染事故审定委员会委员。主要从事渔业生态环境与工厂化循环水养殖等方面的研究。主持多项国家863计划、国家科技支撑、科技部农业科技成果转化资金等课题。获国家科技进步二等奖1次(列12)，国家海洋科技创新成果一等奖1次（列2），山东省技术发明三等奖1次（列2），中国水产科学研究院科技进步一等奖1次（列2）、二等奖2次(列1、5)、三等奖2次(列6、7)。发表论文120余篇，其中第一作者或通讯作者60余篇，获授权发明专利10余项，出版专著3部。获青岛市政府特殊津贴，青岛市工人先锋，山东省有突出贡献中青年专家等荣誉称号。

前　言

渤海是我国的内海，沿岸为辽宁、河北、天津和山东三省一市所环绕，上承辽河、海河和黄河三大流域，下接黄海海洋生态系统，是我国重要的资源宝库和生态环境调节器，为环渤海区经济社会发展发挥了巨大的生态系统服务功能。据测算，渤海生态系统服务功能的总价值超过 8 万亿元，是同期环渤海地区生产总值的 1.73 倍。渤海生态系统是环渤海经济圈发展的基础和支撑，其服务功能对该地区的社会经济发展起着决定性的作用。据统计，2006~2013 年环渤海地区海洋生产总值从 7619.3 亿元增长至 19 734 亿元，年均增长速度达到 22.7%。《环渤海区域经济发展报告（2008）》指出，环渤海区将成为继 20 世纪 80 年代的珠三角、90 年代的长三角之后中国经济的第三增长极。

渤海海域面积 7.7 万 km^2，海岸线长 3784 km，平均水深仅有 18m，是世界上典型的半封闭海之一。渤海沿岸地区社会经济迅猛发展的同时也给海域生态系统带来严重的干扰和破坏。渤海沿岸大小入海河流百余条，陆源污染物排海严重；建设项目开发活动频繁，滨海湿地面积锐减，渔场的"三场一通道"遭到破坏；过渡捕捞导致渔业资源面临枯竭；近岸局部海域污染依然严重，海洋生态系统愈加脆弱。2011 年 6 月 4 日和 17 日，蓬莱 19-3 油田先后发生两起溢油事故，对渤海生态环境和渔业资源造成严重危害。为系统掌握蓬莱 19-3 油田溢油发生后，溢油污染区域以及周边产卵场、索饵场、洄游通道和水产种质资源保护区等重要渔业水域生态环境变动情况，科学、准确评估溢油对渤海渔业生态环境造成的影响，农业部渔业渔政管理局启动了"渤海渔业生态环境监测评估"项目，委托中国水产科学研究院黄海水产研究所技术牵头，辽宁省海洋水产科学研究院、山东省海洋资源与环境研究院、河北省海洋与水产科学研究院和天津市渔业生态环境监测中心共同参与，实施渤海的渔业生态环境监测和评估工作。

本图集是参与渤海渔业生态环境监测、评估的广大科研工作者的共同劳动成果，特别感谢农业部渔业渔政管理局、农业部黄渤海区渔政局、中国水产科学研究院对本图集出版给予的大力支持。

由于编者水平有限，时间仓促，书中难免存在纰漏、错误之处，恳请广大读者批评指正。

编　者

2015 年 7 月于青岛

目 录

1 2013年渤海生态环境监测

1.1 海水环境 ………………………………………………………………… 1

 1.1.1 温度分布图 ……………………………………………………… 1
 1.1.2 盐度分布图 ……………………………………………………… 9
 1.1.3 pH 分布图 ……………………………………………………… 17
 1.1.4 溶解氧分布图 …………………………………………………… 25
 1.1.5 化学需氧量（COD）分布图 …………………………………… 33
 1.1.6 氨氮分布图 ……………………………………………………… 41
 1.1.7 亚硝氮分布图 …………………………………………………… 49
 1.1.8 硝氮分布图 ……………………………………………………… 57
 1.1.9 无机氮分布图 …………………………………………………… 65
 1.1.10 活性磷酸盐分布图 …………………………………………… 73
 1.1.11 石油类分布图 ………………………………………………… 81
 1.1.12 铜分布图 ……………………………………………………… 89
 1.1.13 铅分布图 ……………………………………………………… 97
 1.1.14 锌分布图 ……………………………………………………… 105
 1.1.15 镉分布图 ……………………………………………………… 113
 1.1.16 汞分布图 ……………………………………………………… 121
 1.1.17 砷分布图 ……………………………………………………… 129

1.2 沉积环境 ………………………………………………………………… 137

 1.2.1 石油类分布图 …………………………………………………… 137
 1.2.2 铜分布图 ………………………………………………………… 140
 1.2.3 铅分布图 ………………………………………………………… 143
 1.2.4 锌分布图 ………………………………………………………… 146
 1.2.5 镉分布图 ………………………………………………………… 149
 1.2.6 汞分布图 ………………………………………………………… 152
 1.2.7 砷分布图 ………………………………………………………… 155

1.3 生物环境 ………………………………………………………………… 158

 1.3.1 叶绿素分布图 …………………………………………………… 158
 1.3.2 浮游植物分布图 ………………………………………………… 166
 1.3.3 浮游动物分布图 ………………………………………………… 170

2　2014 年渤海生态环境监测

2.1　海水环境 ………………………………………… 175

- 2.1.1　温度分布图 ………………………………………… 175
- 2.1.2　盐度分布图 ………………………………………… 183
- 2.1.3　pH 分布图 ………………………………………… 191
- 2.1.4　溶解氧分布图 ……………………………………… 199
- 2.1.5　化学需氧量(COD)分布图 ………………………… 207
- 2.1.6　氨氮分布图 ………………………………………… 215
- 2.1.7　亚硝氮分布图 ……………………………………… 223
- 2.1.8　硝氮分布图 ………………………………………… 231
- 2.1.9　无机氮分布图 ……………………………………… 239
- 2.1.10　活性磷酸盐分布图 ……………………………… 247
- 2.1.11　石油类分布图 …………………………………… 255
- 2.1.12　铜分布图 ………………………………………… 263
- 2.1.13　铅分布图 ………………………………………… 271
- 2.1.14　锌分布图 ………………………………………… 279
- 2.1.15　镉分布图 ………………………………………… 287
- 2.1.16　汞分布图 ………………………………………… 295
- 2.1.17　砷分布图 ………………………………………… 303

2.2　沉积环境 ………………………………………… 311

- 2.2.1　石油类分布图 ……………………………………… 311
- 2.2.2　铜分布图 …………………………………………… 314
- 2.2.3　铅分布图 …………………………………………… 317
- 2.2.4　锌分布图 …………………………………………… 320
- 2.2.5　镉分布图 …………………………………………… 323
- 2.2.6　汞分布图 …………………………………………… 326
- 2.2.7　砷分布图 …………………………………………… 329

2.3　生物环境 ………………………………………… 332

- 2.3.1　叶绿素分布图 ……………………………………… 332
- 2.3.2　浮游植物分布图 …………………………………… 340
- 2.3.3　浮游动物分布图 …………………………………… 344

附图

渤海生态环境监测图集 Altas of eco-environment in the Bohai Sea

2013 年渤海生态环境监测
Distributions of eco-environmental monitoring factors in the Bohai Sea in 2013

1.1 海水环境

1.1.1 温度分布图

1.1.1.1 春季

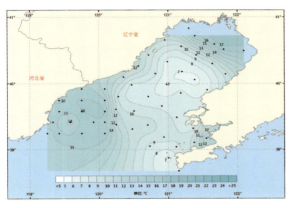

1- 辽东湾（表层）

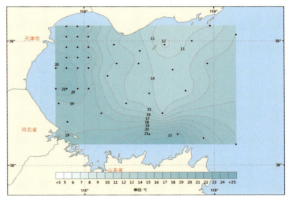

2- 渤海湾（表层）

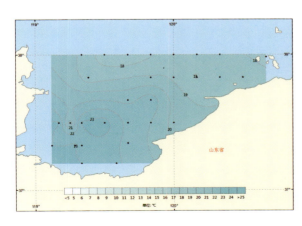

3- 莱州湾（表层）

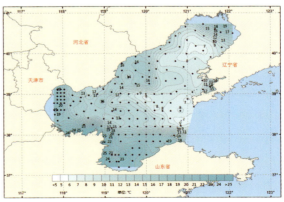

4- 渤海（表层）

渤海生态环境监测图集 Altas of eco-environment in the Bohai Sea

2013 年渤海生态环境监测
Distributions of eco-environmental monitoring factors in the Bohai Sea in 2013

1- 辽东湾（底层）　　　　　　　　　　　　2- 渤海湾（底层）

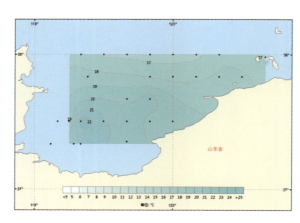
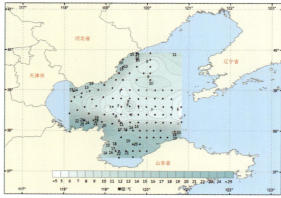

3- 莱州湾（底层）　　　　　　　　　　　　4- 渤海（底层）

渤海生态环境监测图集 Altas of eco-environment in the Bohai Sea

2013 年渤海生态环境监测
Distributions of eco-environmental monitoring factors in the Bohai Sea in 2013

1.1.1.2 夏季

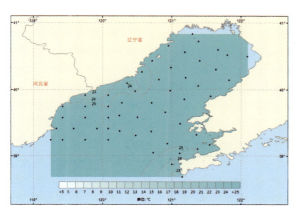

1- 辽东湾（表层）

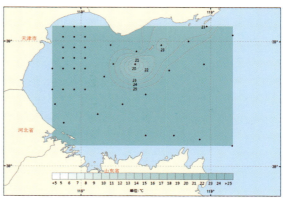

2- 渤海湾（表层）

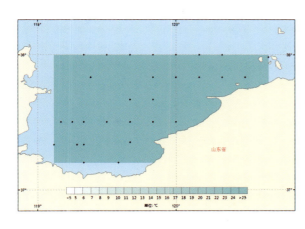

3- 莱州湾（表层）

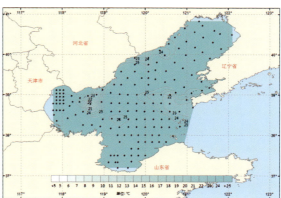

4- 渤海（表层）

渤海生态环境监测图集 Altas of eco-environment in the Bohai Sea

2013 年渤海生态环境监测
Distributions of eco-environmental monitoring factors in the Bohai Sea in 2013

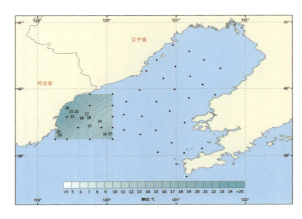

1- 辽东湾（底层）

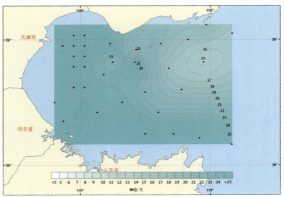

2- 渤海湾（底层）

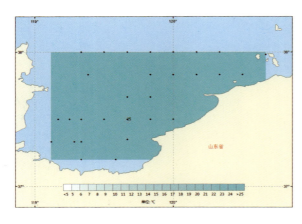

3- 莱州湾（底层）

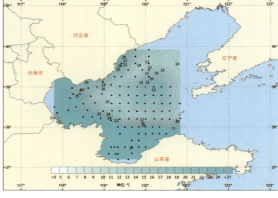

4- 渤海（底层）

渤海生态环境监测图集 Altas of eco-environment in the Bohai Sea

2013 年渤海生态环境监测
Distributions of eco-environmental monitoring factors in the Bohai Sea in 2013

1.1.1.3 秋季

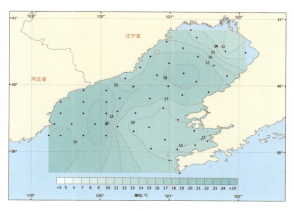

1- 辽东湾（表层）

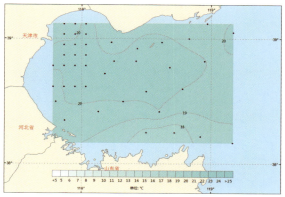

2- 渤海湾（表层）

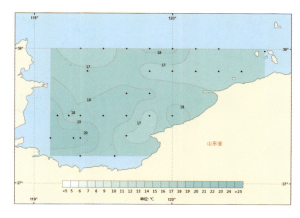

3- 莱州湾（表层）

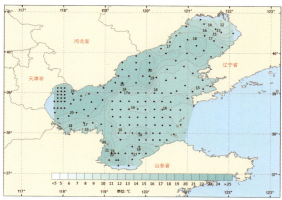

4- 全渤海（表层）

渤海生态环境监测图集 Altas of eco-environment in the Bohai Sea

2013 年渤海生态环境监测
Distributions of eco-environmental monitoring factors in the Bohai Sea in 2013

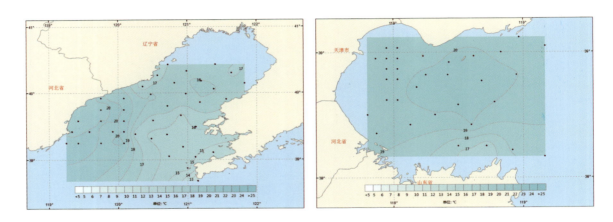

1- 辽东湾（底层）　　　　　　　　　　　　2- 渤海湾（底层）

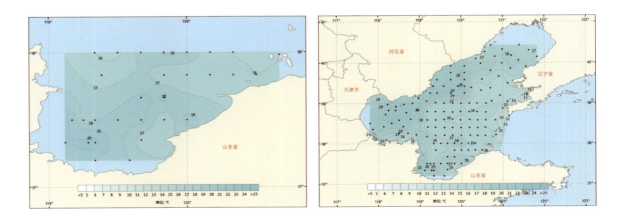

3- 莱州湾（底层）　　　　　　　　　　　　4- 渤海（底层）

渤海生态环境监测图集 Altas of eco-environment in the Bohai Sea

2013 年渤海生态环境监测
Distributions of eco-environmental monitoring factors in the Bohai Sea in 2013

1.1.1.4　冬季

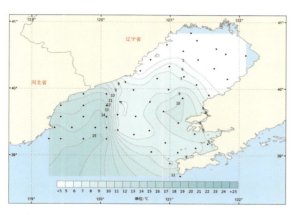

1- 辽东湾（表层）

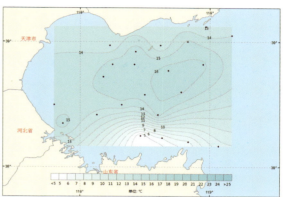

2- 渤海湾（表层）

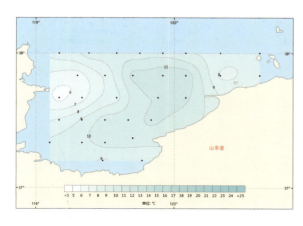

3- 莱州湾（表层）

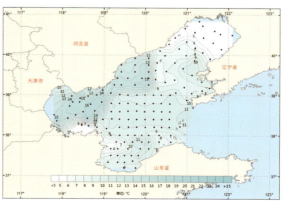

4- 渤海（表层）

渤海生态环境监测图集 Altas of eco-environment in the Bohai Sea

2013 年渤海生态环境监测
Distributions of eco-environmental monitoring factors in the Bohai Sea in 2013

1- 辽东湾（底层）　　　　　　　　　　2- 渤海湾（底层）

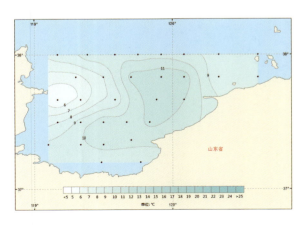
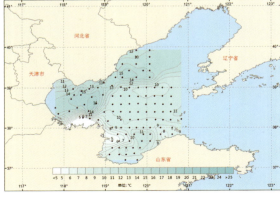

3- 莱州湾（底层）　　　　　　　　　　4- 渤海（底层）

渤海生态环境监测图集 Altas of eco-environment in the Bohai Sea

2013 年渤海生态环境监测
Distributions of eco-environmental monitoring factors in the Bohai Sea in 2013

1.1.2 盐度分布图

1.1.2.1 春季

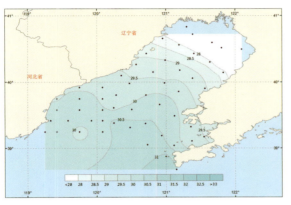

1- 辽东湾（表层）

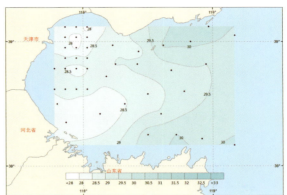

2- 渤海湾（表层）

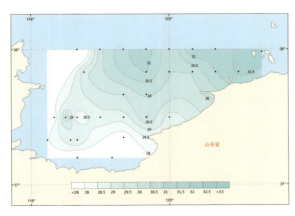

3- 莱州湾（表层）

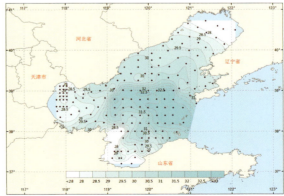

4- 渤海（表层）

渤海生态环境监测图集 Altas of eco-environment in the Bohai Sea

2013 年渤海生态环境监测
Distributions of eco-environmental monitoring factors in the Bohai Sea in 2013

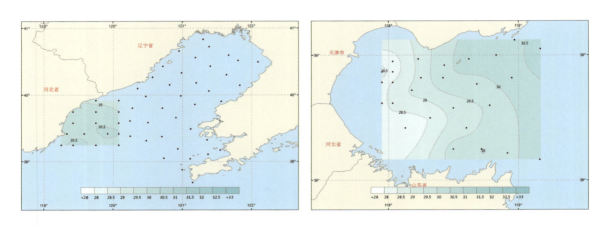

1- 辽东湾（底层）　　　　　　　　　2- 渤海湾（底层）

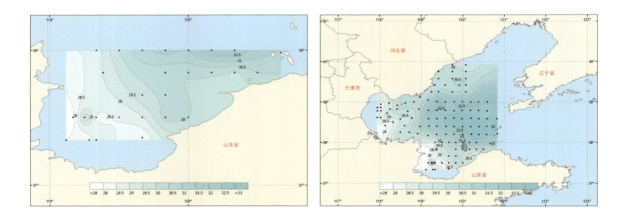

3- 莱州湾（底层）　　　　　　　　　4- 渤海（底层）

渤海生态环境监测图集 Altas of eco-environment in the Bohai Sea

2013 年渤海生态环境监测
Distributions of eco-environmental monitoring factors in the Bohai Sea in 2013

1.1.2.2　夏季

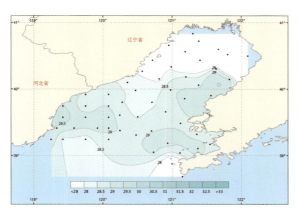

1- 辽东湾（表层）

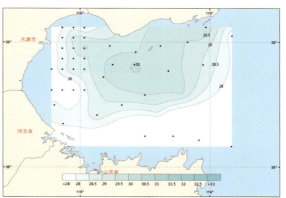

2- 渤海湾（表层）

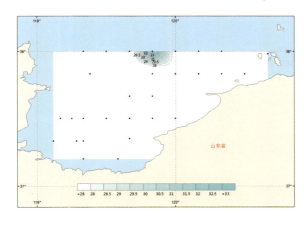

3- 莱州湾（表层）

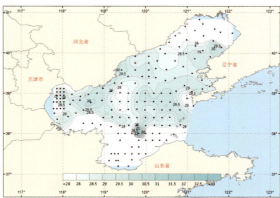

4- 渤海（表层）

渤海生态环境监测图集 Altas of eco-environment in the Bohai Sea

2013 年渤海生态环境监测
Distributions of eco-environmental monitoring factors in the Bohai Sea in 2013

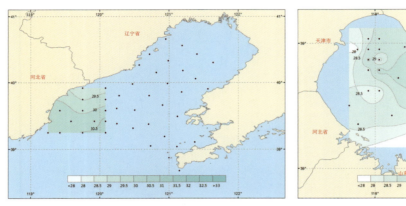

1- 辽东湾（底层）　　　　　　　　　2- 渤海湾（底层）

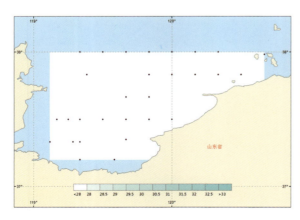

3- 莱州湾（底层）　　　　　　　　　4- 渤海（底层）

渤海生态环境监测图集 Altas of eco-environment in the Bohai Sea

2013 年渤海生态环境监测
Distributions of eco-environmental monitoring factors in the Bohai Sea in 2013

1.1.2.3　秋季

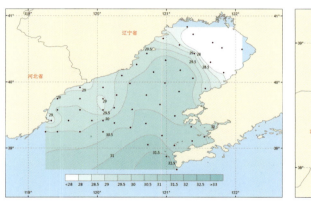

1- 辽东湾（表层）

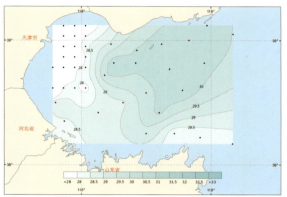

2- 渤海湾（表层）

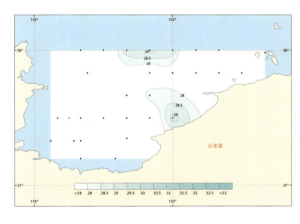

3- 莱州湾（表层）

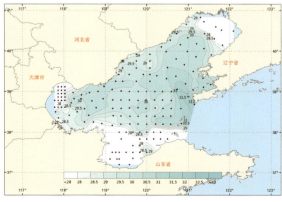

4- 渤海（表层）

渤海生态环境监测图集 Atlas of eco-environment in the Bohai Sea

2013 年渤海生态环境监测
Distributions of eco-environmental monitoring factors in the Bohai Sea in 2013

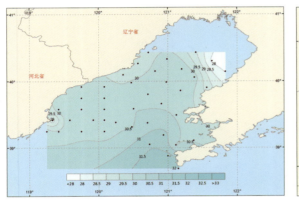

1- 辽东湾（底层）

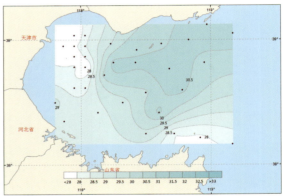

2- 渤海湾（底层）

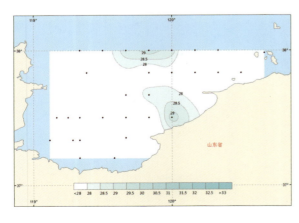

3- 莱州湾（底层）

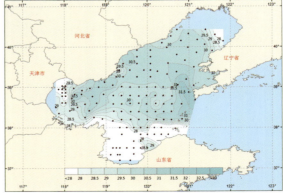

4- 渤海（底层）

渤海生态环境监测图集 Atlas of eco-environment in the Bohai Sea

2013 年渤海生态环境监测
Distributions of eco-environmental monitoring factors in the Bohai Sea in 2013

1.1.2.4　冬季

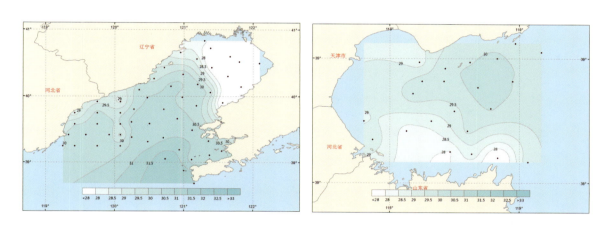

1- 辽东湾（表层）　　　　　　　　　　　2- 渤海湾（表层）

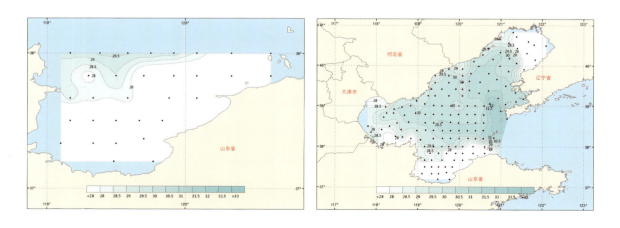

3- 莱州湾（表层）　　　　　　　　　　　4- 渤海（表层）

渤海生态环境监测图集 Altas of eco-environment in the Bohai Sea

2013 年渤海生态环境监测
Distributions of eco-environmental monitoring factors in the Bohai Sea in 2013

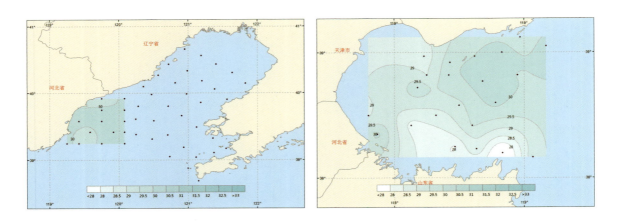

1- 辽东湾（底层）　　　　　　　　　　2- 渤海湾（底层）

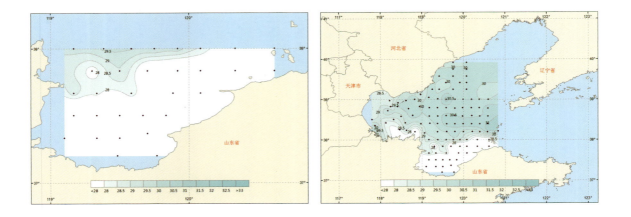

3- 莱州湾（底层）　　　　　　　　　　4- 渤海（底层）

2013 年渤海生态环境监测
Distributions of eco-environmental monitoring factors in the Bohai Sea in 2013

1.1.3　pH 分布图

1.1.3.1　春季

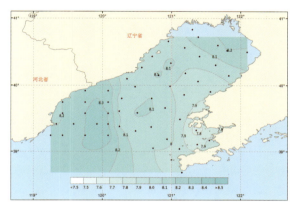

1- 辽东湾（表层）

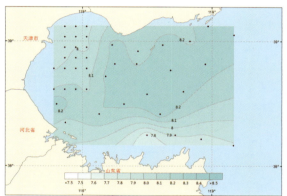

2- 渤海湾（表层）

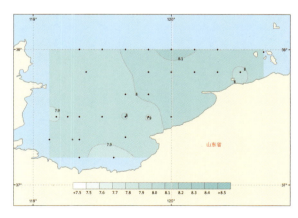

3- 莱州湾（表层）

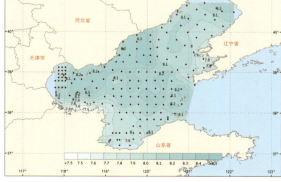

4- 渤海（表层）

渤海生态环境监测图集 Altas of eco-environment in the Bohai Sea

2013 年渤海生态环境监测
Distributions of eco-environmental monitoring factors in the Bohai Sea in 2013

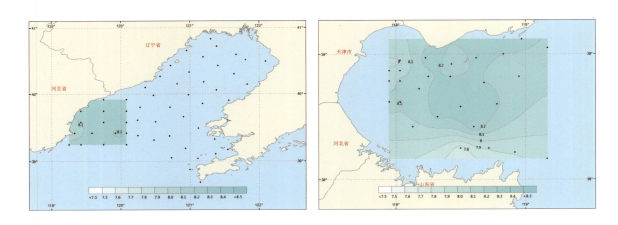

1- 辽东湾（底层）　　　　　　　　　2- 渤海湾（底层）

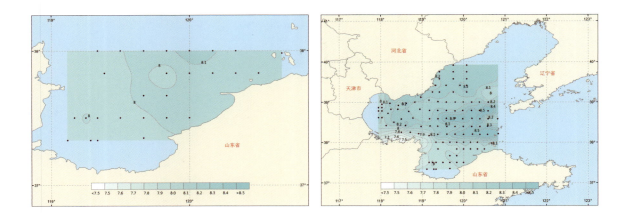

3- 莱州湾（底层）　　　　　　　　　4- 渤海（底层）

渤海生态环境监测图集 Altas of eco-environment in the Bohai Sea

2013 年渤海生态环境监测
Distributions of eco-environmental monitoring factors in the Bohai Sea in 2013

1.1.3.2 夏季

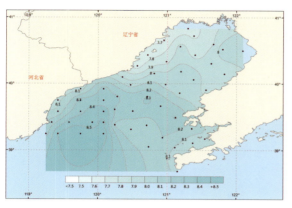

1- 辽东湾（表层）

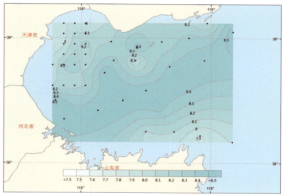

2- 渤海湾（表层）

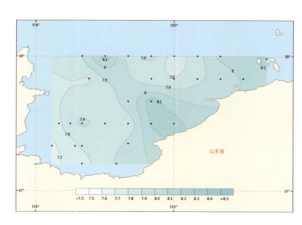

3- 莱州湾（表层）

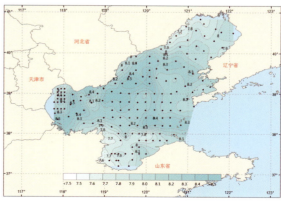

4- 渤海（表层）

渤海生态环境监测图集 Altas of eco-environment in the Bohai Sea

2013 年渤海生态环境监测
Distributions of eco-environmental monitoring factors in the Bohai Sea in 2013

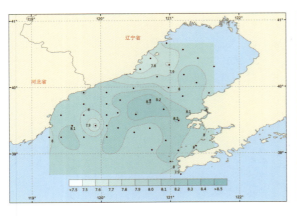

1- 辽东湾（底层）   2- 渤海湾（底层）

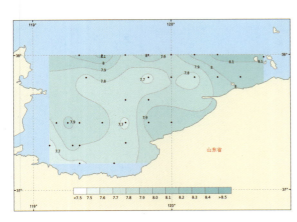 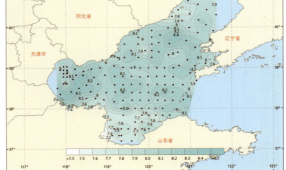

3- 莱州湾（底层）   4- 渤海（底层）

渤海生态环境监测图集 Altas of eco-environment in the Bohai Sea

2013年渤海生态环境监测
Distributions of eco-environmental monitoring factors in the Bohai Sea in 2013

1.1.3.3　秋季

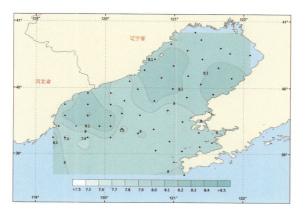

1- 辽东湾（表层）

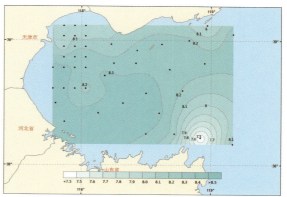

2- 渤海湾（表层）

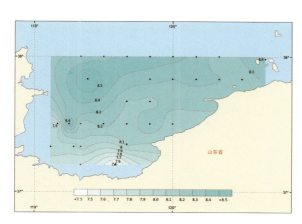

3- 莱州湾（表层）

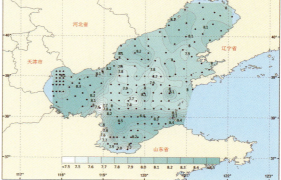

4- 渤海（表层）

渤海生态环境监测图集 Altas of eco-environment in the Bohai Sea

2013 年渤海生态环境监测
Distributions of eco-environmental monitoring factors in the Bohai Sea in 2013

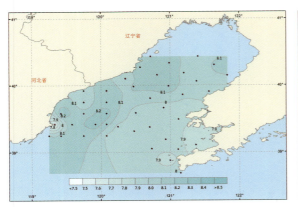

1- 辽东湾（底层）

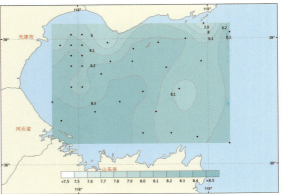

2- 渤海湾（底层）

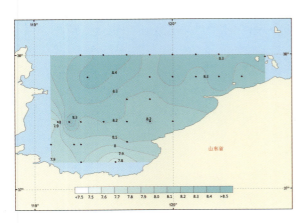

3- 莱州湾（底层）

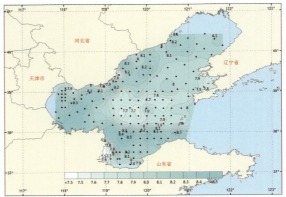

4- 渤海（底层）

渤海生态环境监测图集 Altas of eco-environment in the Bohai Sea

2013年渤海生态环境监测
Distributions of eco-environmental monitoring factors in the Bohai Sea in 2013

1.1.3.4 冬季

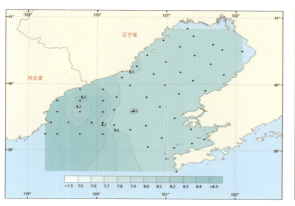

1- 辽东湾（表层）

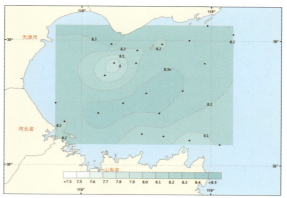

2- 渤海湾（表层）

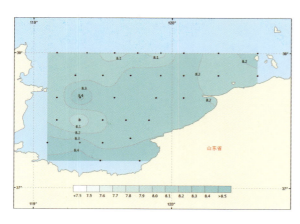

3- 莱州湾（表层）

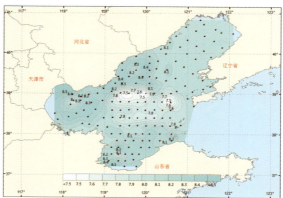

4- 渤海（表层）

渤海生态环境监测图集 Altas of eco-environment in the Bohai Sea

2013 年渤海生态环境监测
Distributions of eco-environmental monitoring factors in the Bohai Sea in 2013

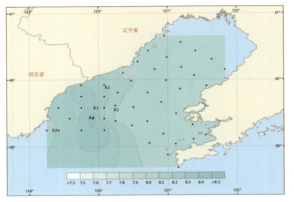

1- 辽东湾（底层）　　　　　　　2- 渤海湾（底层）

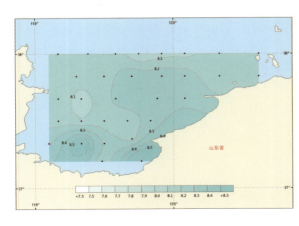
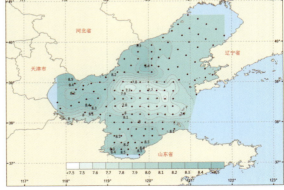

3- 莱州湾（底层）　　　　　　　4- 渤海（底层）

渤海生态环境监测图集 Altas of eco-environment in the Bohai Sea

2013 年渤海生态环境监测
Distributions of eco-environmental monitoring factors in the Bohai Sea in 2013

1.1.4　溶解氧分布图

1.1.4.1　春季

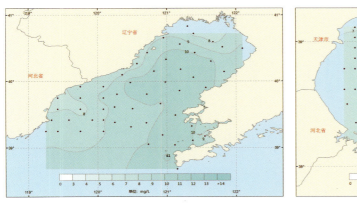

1- 辽东湾（表层）　　　　　　　　　2- 渤海湾（表层）

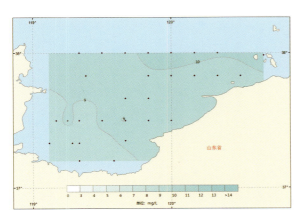

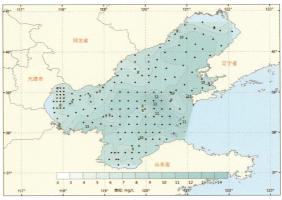

3- 莱州湾（表层）　　　　　　　　　4- 渤海（表层）

渤海生态环境监测图集 Altas of eco-environment in the Bohai Sea

2013年渤海生态环境监测
Distributions of eco-environmental monitoring factors in the Bohai Sea in 2013

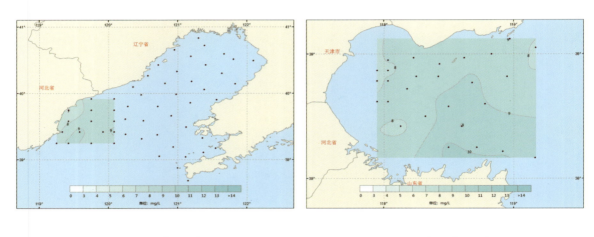

1- 辽东湾（底层）   2- 渤海湾（底层）

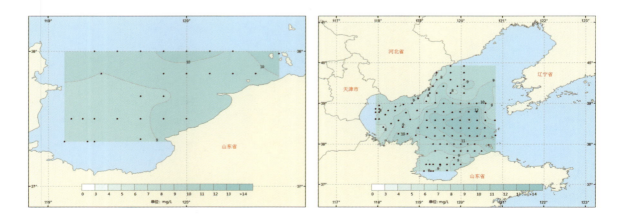

3- 莱州湾（底层）   4- 渤海（底层）

渤海生态环境监测图集 Altas of eco-environment in the Bohai Sea

2013 年渤海生态环境监测
Distributions of eco-environmental monitoring factors in the Bohai Sea in 2013

1.1.4.2　夏季

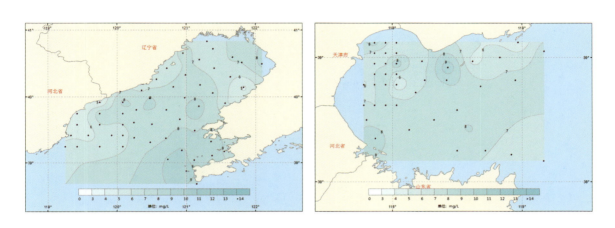

1- 辽东湾（表层）　　　　　　　　2- 渤海湾（表层）

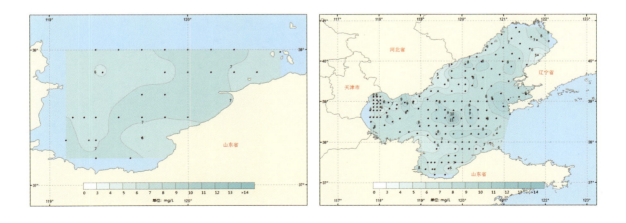

3- 莱州湾（表层）　　　　　　　　4- 渤海（表层）

渤海生态环境监测图集 Altas of eco-environment in the Bohai Sea

2013 年渤海生态环境监测
Distributions of eco-environmental monitoring factors in the Bohai Sea in 2013

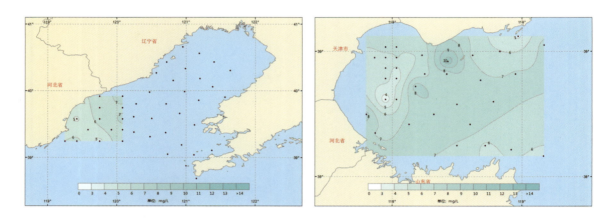

1- 辽东湾（底层）   2- 渤海湾（底层）

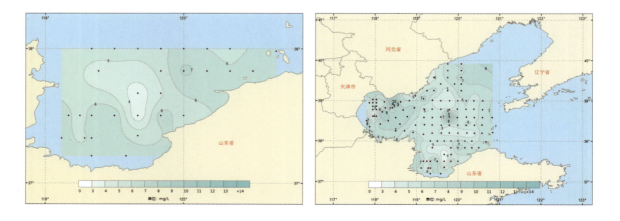

3- 莱州湾（底层）   4- 渤海（底层）

1.1.4.3 秋季

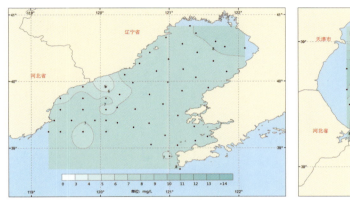

1- 辽东湾（表层）

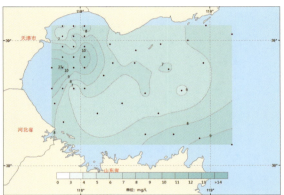

2- 渤海湾（表层）

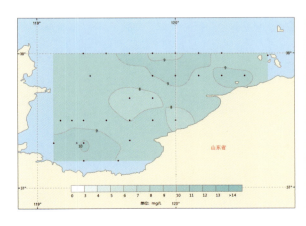

3- 莱州湾（表层）

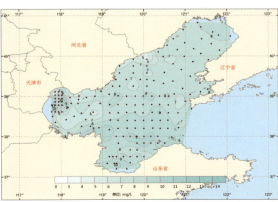

4- 渤海（表层）

渤海生态环境监测图集 Altas of eco-environment in the Bohai Sea

2013 年渤海生态环境监测
Distributions of eco-environmental monitoring factors in the Bohai Sea in 2013

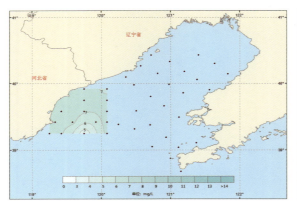

1- 辽东湾（底层）   2- 渤海湾（底层）

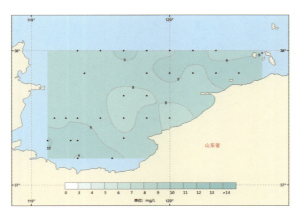
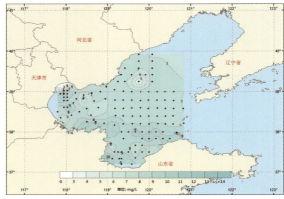

3- 莱州湾（底层）   4- 渤海（底层）

2013 年渤海生态环境监测
Distributions of eco-environmental monitoring factors in the Bohai Sea in 2013

1.1.4.4 冬季

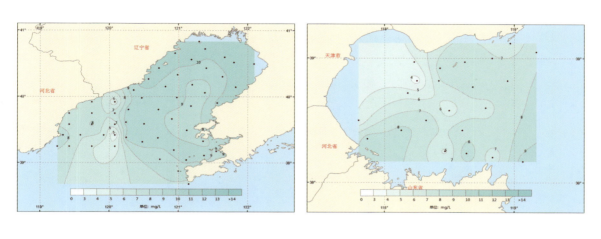

1- 辽东湾（表层）　　　　　　　2- 渤海湾（表层）

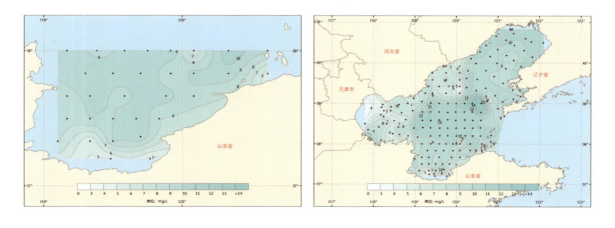

3- 莱州湾（表层）　　　　　　　4- 渤海（表层）

渤海生态环境监测图集 Altas of eco-environment in the Bohai Sea

2013 年渤海生态环境监测
Distributions of eco-environmental monitoring factors in the Bohai Sea in 2013

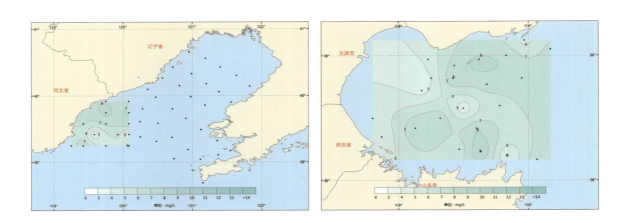

1- 辽东湾（底层）　　　　　　　　　　　2- 渤海湾（底层）

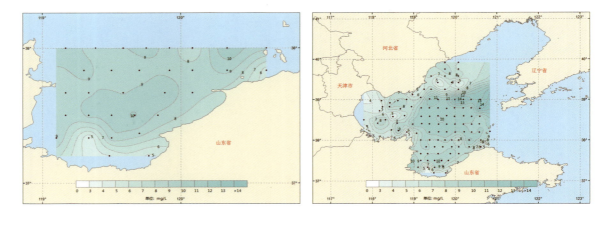

3- 莱州湾（底层）　　　　　　　　　　　4- 渤海（底层）

2013 年渤海生态环境监测
Distributions of eco-environmental monitoring factors in the Bohai Sea in 2013

1.1.5 化学需氧量分布图

1.1.5.1 春季

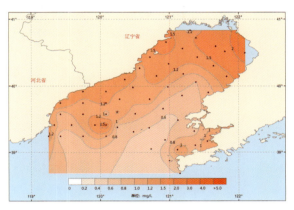

1- 辽东湾（表层）

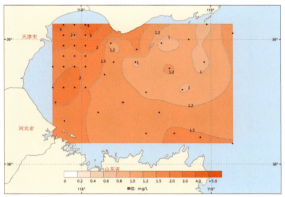

2- 渤海湾（表层）

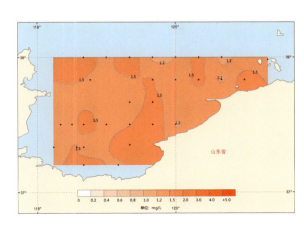

3- 莱州湾（表层）

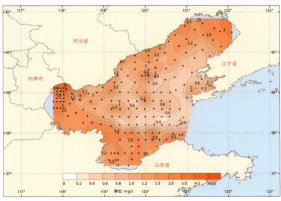

4- 渤海（表层）

渤海生态环境监测图集 Atlas of eco-environment in the Bohai Sea

2013 年渤海生态环境监测
Distributions of eco-environmental monitoring factors in the Bohai Sea in 2013

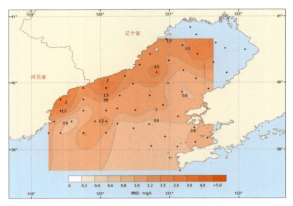

1- 辽东湾（底层）

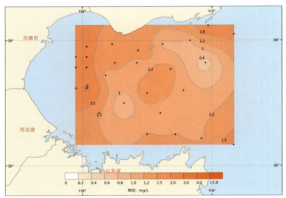

2- 渤海湾（底层）

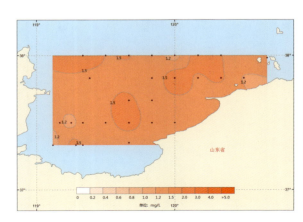

3- 莱州湾（底层）

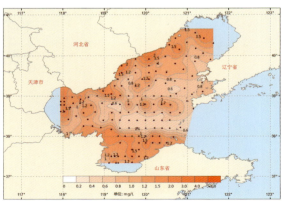

4- 渤海（底层）

渤海生态环境监测图集 Altas of eco-environment in the Bohai Sea

1

2013 年渤海生态环境监测
Distributions of eco-environmental monitoring factors in the Bohai Sea in 2013

1.1.5.2 夏季

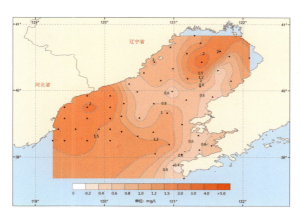

1- 辽东湾（表层）

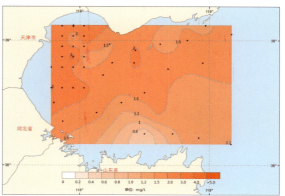

2- 渤海湾（表层）

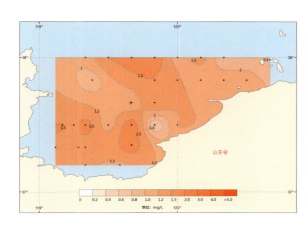

3- 莱州湾（表层）

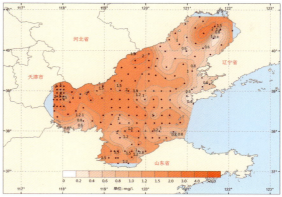

4- 渤海（表层）

渤海生态环境监测图集 Altas of eco-environment in the Bohai Sea

2013 年渤海生态环境监测
Distributions of eco-environmental monitoring factors in the Bohai Sea in 2013

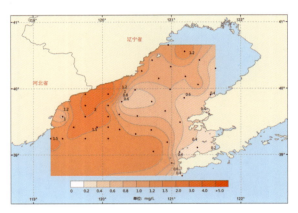

1- 辽东湾（底层）   2- 渤海湾（底层）

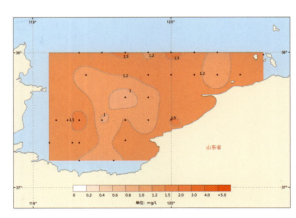

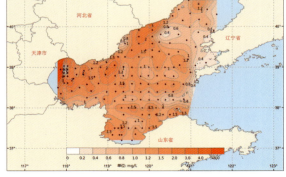

3- 莱州湾（底层）   4- 渤海（底层）

渤海生态环境监测图集 Atlas of eco-environment in the Bohai Sea

2013年渤海生态环境监测
Distributions of eco-environmental monitoring factors in the Bohai Sea in 2013

1.1.5.3 秋季

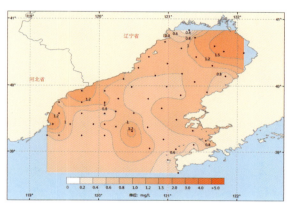

1- 辽东湾（表层）

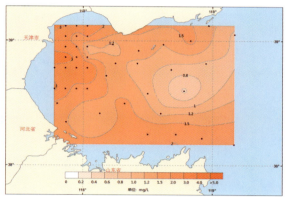

2- 渤海湾（表层）

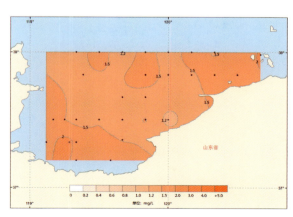

3- 莱州湾（表层）

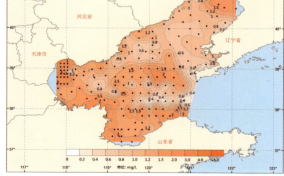

4- 渤海（表层）

渤海生态环境监测图集 Altas of eco-environment in the Bohai Sea

2013 年渤海生态环境监测
Distributions of eco-environmental monitoring factors in the Bohai Sea in 2013

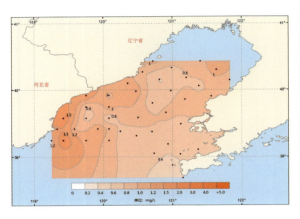

1- 辽东湾（底层）

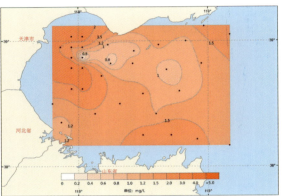

2- 渤海湾（底层）

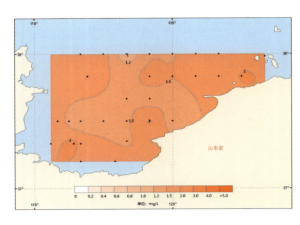

3- 莱州湾（底层）

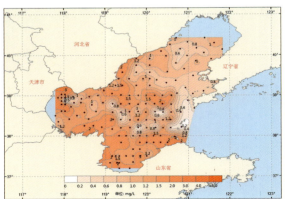

4- 渤海（底层）

渤海生态环境监测图集 Altas of eco-environment in the Bohai Sea

2013 年渤海生态环境监测
Distributions of eco-environmental monitoring factors in the Bohai Sea in 2013

1.1.5.4　冬季

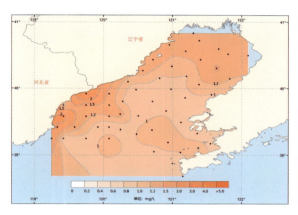

1- 辽东湾（表层）

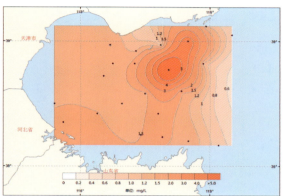

2- 渤海湾（表层）

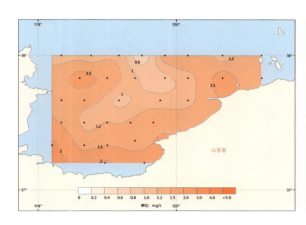

3- 莱州湾（表层）

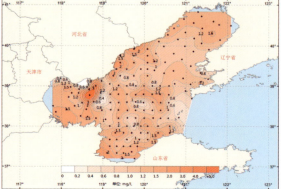

4- 渤海（表层）

渤海生态环境监测图集 Altas of eco-environment in the Bohai Sea

2013 年渤海生态环境监测
Distributions of eco-environmental monitoring factors in the Bohai Sea in 2013

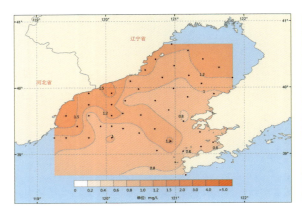

1- 辽东湾（底层）　　　　　　　　　　2- 渤海湾（底层）

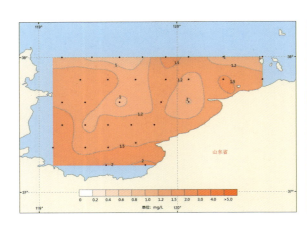
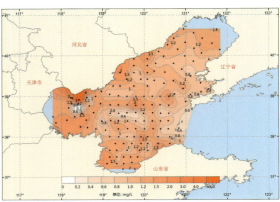

3- 莱州湾（底层）　　　　　　　　　　4- 渤海（底层）

渤海生态环境监测图集 Altas of eco-environment in the Bohai Sea

2013 年渤海生态环境监测
Distributions of eco-environmental monitoring factors in the Bohai Sea in 2013

1.1.6 氨氮分布图

1.1.6.1 春季

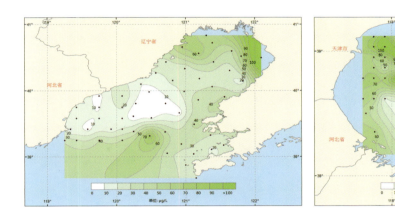

1- 辽东湾（表层）   2- 渤海湾（表层）

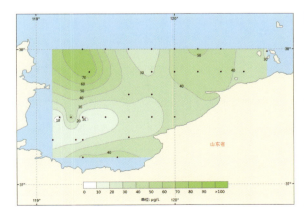
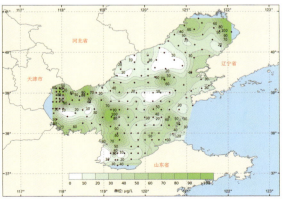

3- 莱州湾（表层）   4- 渤海（表层）

渤海生态环境监测图集 Altas of eco-environment in the Bohai Sea

2013 年渤海生态环境监测
Distributions of eco-environmental monitoring factors in the Bohai Sea in 2013

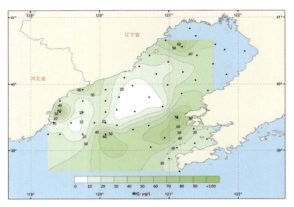

1- 辽东湾（底层）

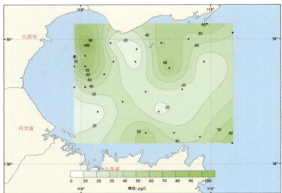

2- 渤海湾（底层）

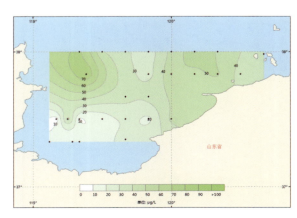

3- 莱州湾（底层）

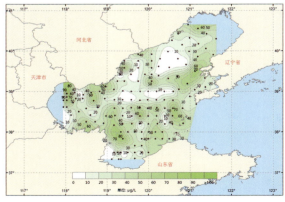

4- 渤海（底层）

2013年渤海生态环境监测
Distributions of eco-environmental monitoring factors in the Bohai Sea in 2013

1.1.6.2 夏季

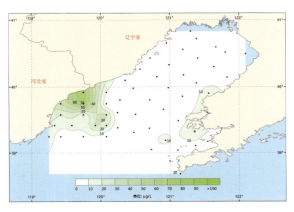

1- 辽东湾（表层）

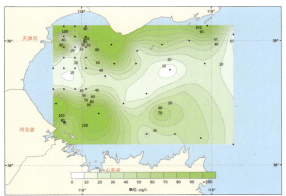

2- 渤海湾（表层）

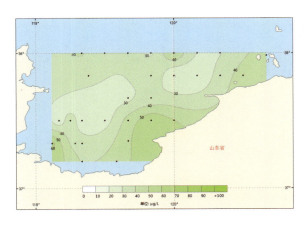

3- 莱州湾（表层）

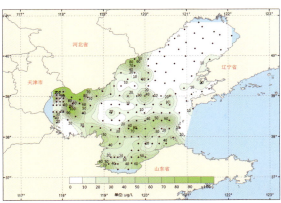

4- 渤海（表层）

渤海生态环境监测图集 Altas of eco-environment in the Bohai Sea

2013 年渤海生态环境监测
Distributions of eco-environmental monitoring factors in the Bohai Sea in 2013

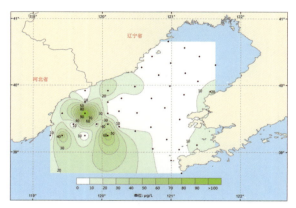

1- 辽东湾（底层）

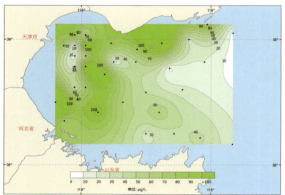

2- 渤海湾（底层）

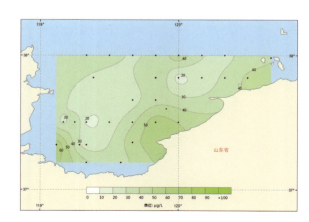

3- 莱州湾（底层）

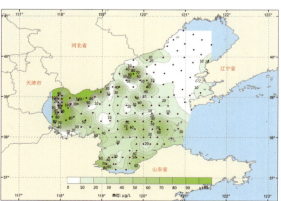

4- 渤海（底层）

2013 年渤海生态环境监测
Distributions of eco-environmental monitoring factors in the Bohai Sea in 2013

1.1.6.3 秋季

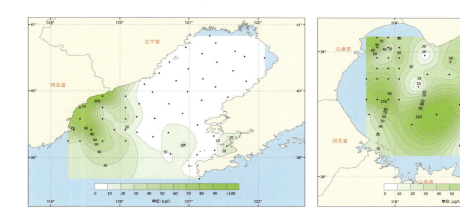

1- 辽东湾（表层）　　　　　　2- 渤海湾（表层）

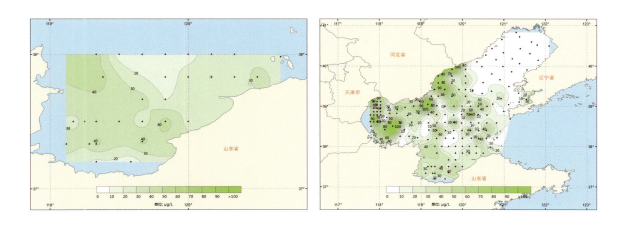

3- 莱州湾（表层）　　　　　　4- 渤海（表层）

渤海生态环境监测图集 Atlas of eco-environment in the Bohai Sea

2013 年渤海生态环境监测
Distributions of eco-environmental monitoring factors in the Bohai Sea in 2013

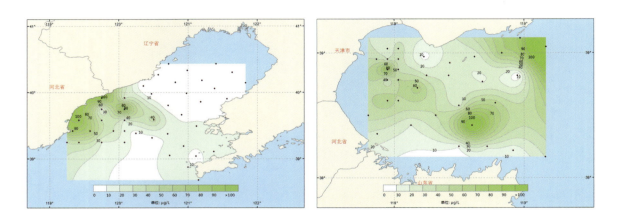

1- 辽东湾（底层）   2- 渤海湾（底层）

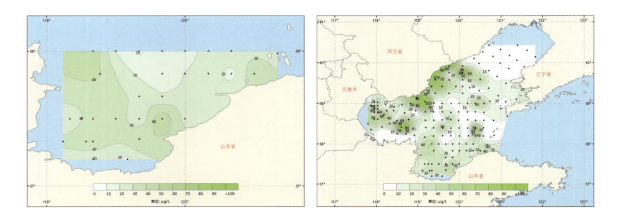

3- 莱州湾（底层）   4- 渤海（底层）

2013年渤海生态环境监测
Distributions of eco-environmental monitoring factors in the Bohai Sea in 2013

1.1.6.4 冬季

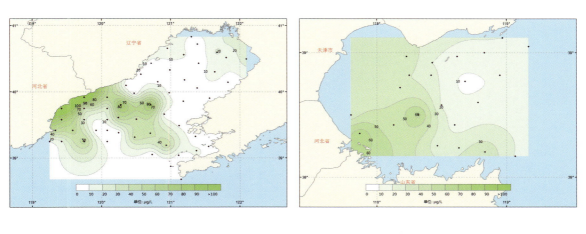

1- 辽东湾（表层）　　　　　　　　　　　2- 渤海湾（表层）

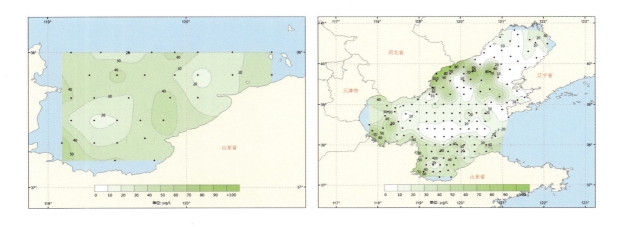

3- 莱州湾（表层）　　　　　　　　　　　4- 渤海（表层）

渤海生态环境监测图集 Altas of eco-environment in the Bohai Sea

2013 年渤海生态环境监测
Distributions of eco-environmental monitoring factors in the Bohai Sea in 2013

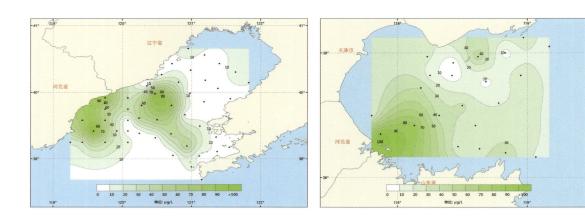

1- 辽东湾（底层）   2- 渤海湾（底层）

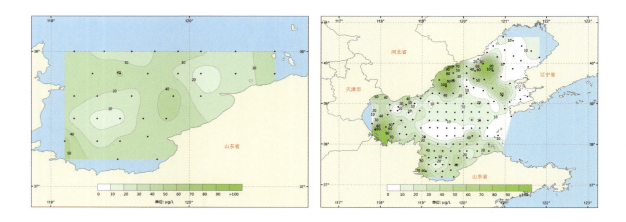

3- 莱州湾（底层）   4- 渤海（底层）

渤海生态环境监测图集 Altas of eco-environment in the Bohai Sea

2013 年渤海生态环境监测
Distributions of eco-environmental monitoring factors in the Bohai Sea in 2013

1.1.7 亚硝氮分布图

1.1.7.1 春季

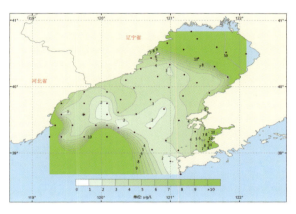

1- 辽东湾（表层）

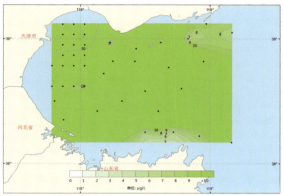

2- 渤海湾（表层）

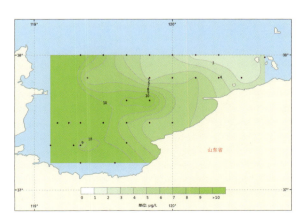

3- 莱州湾（表层）

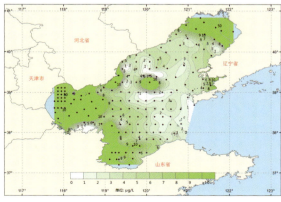

4- 渤海（表层）

渤海生态环境监测图集 Altas of eco-environment in the Bohai Sea

2013 年渤海生态环境监测
Distributions of eco-environmental monitoring factors in the Bohai Sea in 2013

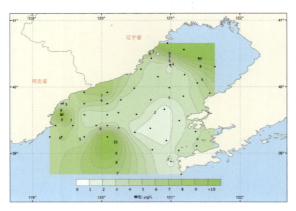

1- 辽东湾（底层）

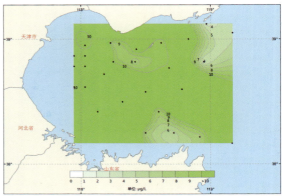

2- 渤海湾（底层）

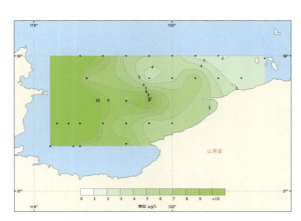

3- 莱州湾（底层）

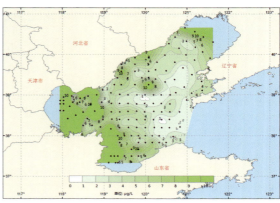

4- 渤海（底层）

渤海生态环境监测图集 Atlas of eco-environment in the Bohai Sea

2013 年渤海生态环境监测
Distributions of eco-environmental monitoring factors in the Bohai Sea in 2013

1.1.7.2 夏季

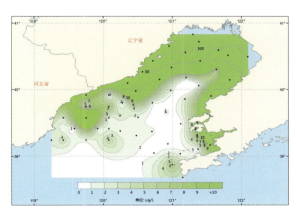

1- 辽东湾（表层）

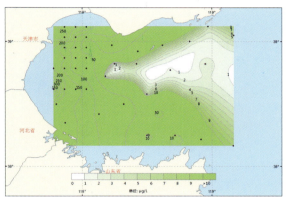

2- 渤海湾（表层）

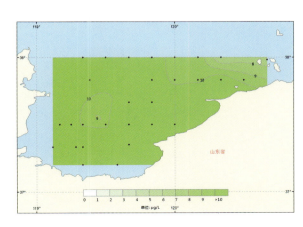

3- 莱州湾（表层）

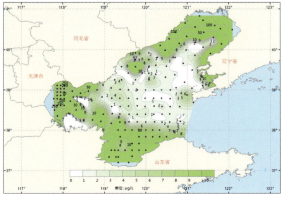

4- 渤海（表层）

渤海生态环境监测图集 Altas of eco-environment in the Bohai Sea

2013 年渤海生态环境监测
Distributions of eco-environmental monitoring factors in the Bohai Sea in 2013

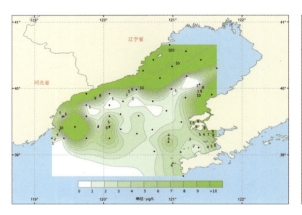

1- 辽东湾（底层）

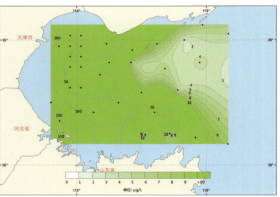

2- 渤海湾（底层）

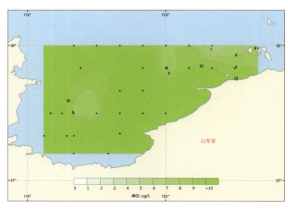

3- 莱州湾（底层）

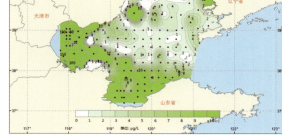

4- 渤海（底层）

2013年渤海生态环境监测

Distributions of eco-environmental monitoring factors in the Bohai Sea in 2013

1.1.7.3 秋季

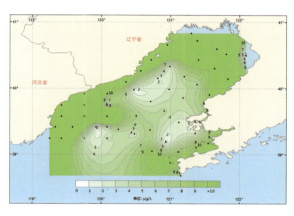

1- 辽东湾（表层）

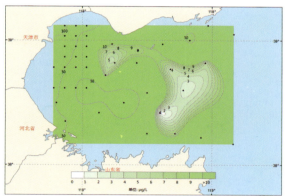

2- 渤海湾（表层）

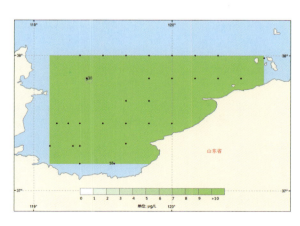

3- 莱州湾（表层）

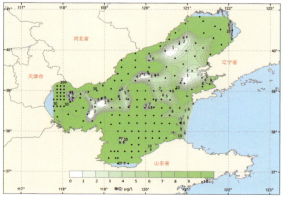

4- 渤海（表层）

渤海生态环境监测图集 Altas of eco-environment in the Bohai Sea

2013 年渤海生态环境监测
Distributions of eco-environmental monitoring factors in the Bohai Sea in 2013

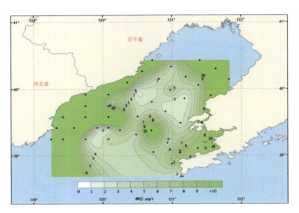

1- 辽东湾（底层）

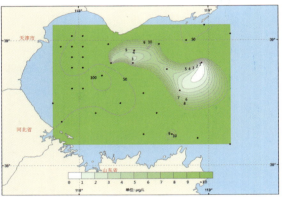

2- 渤海湾（底层）

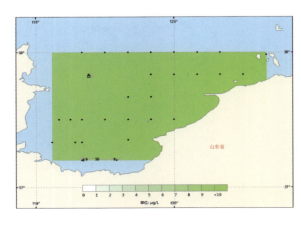

3- 莱州湾（底层）

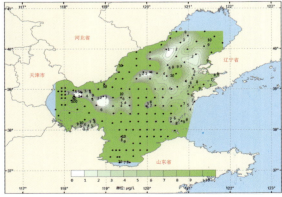

4- 渤海（底层）

渤海生态环境监测图集 Atlas of eco-environment in the Bohai Sea

2013 年渤海生态环境监测
Distributions of eco-environmental monitoring factors in the Bohai Sea in 2013

1.1.7.4 冬季

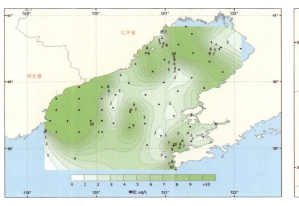

1- 辽东湾（表层）

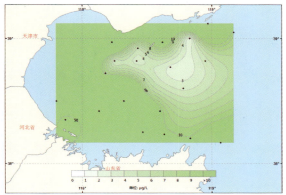

2- 渤海湾（表层）

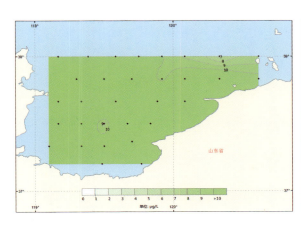

3- 莱州湾（表层）

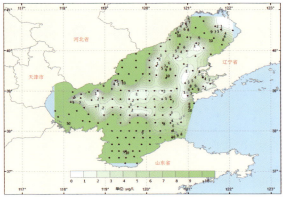

4- 渤海（表层）

渤海生态环境监测图集 Altas of eco-environment in the Bohai Sea

2013 年渤海生态环境监测
Distributions of eco-environmental monitoring factors in the Bohai Sea in 2013

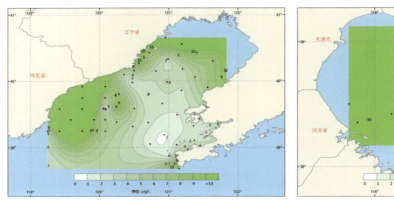

1- 辽东湾（底层）

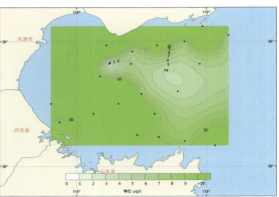

2- 渤海湾（底层）

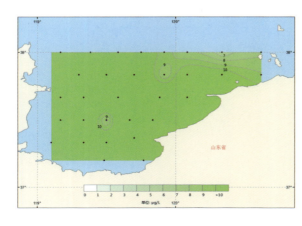

3- 莱州湾（底层）

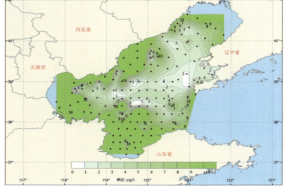

4- 渤海（底层）

渤海生态环境监测图集 Altas of eco-environment in the Bohai Sea

2013 年渤海生态环境监测
Distributions of eco-environmental monitoring factors in the Bohai Sea in 2013

1.1.8 硝氮分布图

1.1.8.1 春季

1- 辽东湾（表层）

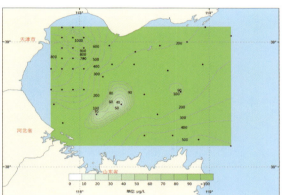

2- 渤海湾（表层）

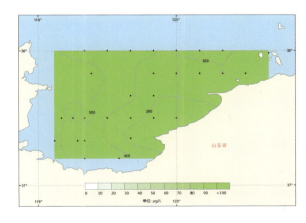

3- 莱州湾（表层）

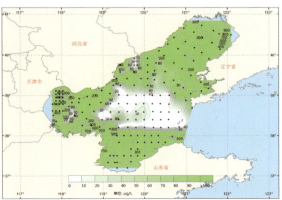

4- 渤海（表层）

1 2013年渤海生态环境监测
Distributions of eco-environmental monitoring factors in the Bohai Sea in 2013

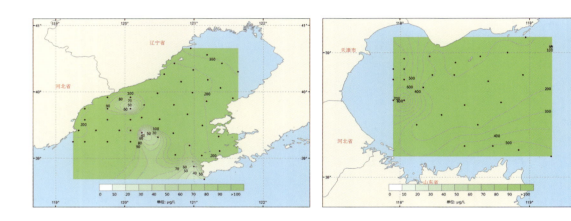

1- 辽东湾（底层）　　　　　　　　2- 渤海湾（底层）

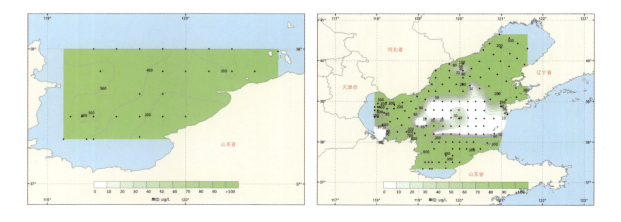

3- 莱州湾（底层）　　　　　　　　4- 渤海（底层）

渤海生态环境监测图集 Altas of eco-environment in the Bohai Sea

2013 年渤海生态环境监测
Distributions of eco-environmental monitoring factors in the Bohai Sea in 2013

1.1.8.2 夏季

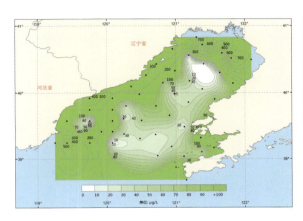

1- 辽东湾（表层）

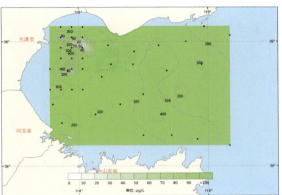

2- 渤海湾（表层）

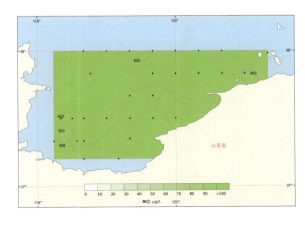

3- 莱州湾（表层）

4- 渤海（表层）

渤海生态环境监测图集 Altas of eco-environment in the Bohai Sea

2013 年渤海生态环境监测
Distributions of eco-environmental monitoring factors in the Bohai Sea in 2013

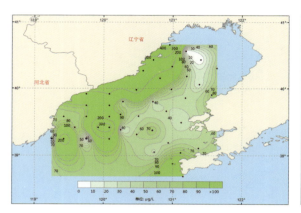

1- 辽东湾（底层）

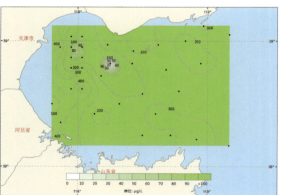

2- 渤海湾（底层）

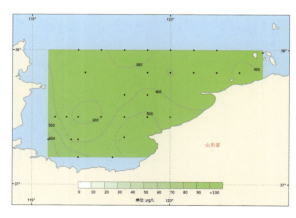

3- 莱州湾（底层）

4- 渤海（底层）

渤海生态环境监测图集 Atlas of eco-environment in the Bohai Sea

2013 年渤海生态环境监测
Distributions of eco-environmental monitoring factors in the Bohai Sea in 2013

1.1.8.3 秋季

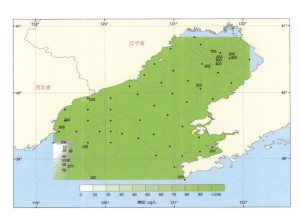

1- 辽东湾（表层）

2- 渤海湾（表层）

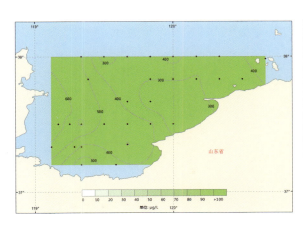

3- 莱州湾（表层）

4- 渤海（表层）

渤海生态环境监测图集 Altas of eco-environment in the Bohai Sea

2013 年渤海生态环境监测
Distributions of eco-environmental monitoring factors in the Bohai Sea in 2013

1- 辽东湾（底层）

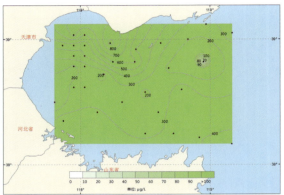

2- 渤海湾（底层）

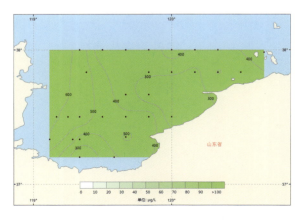

3- 莱州湾（底层）

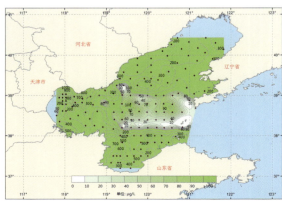

4- 渤海（底层）

渤海生态环境监测图集 Altas of eco-environment in the Bohai Sea

2013 年渤海生态环境监测
Distributions of eco-environmental monitoring factors in the Bohai Sea in 2013

1.1.8.4 冬季

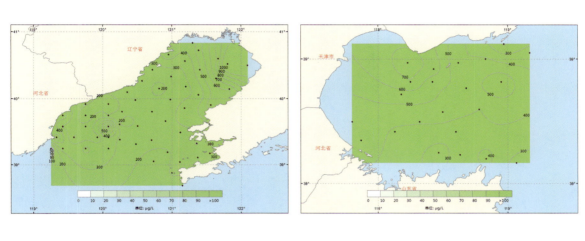

1- 辽东湾（表层）   2- 渤海湾（表层）

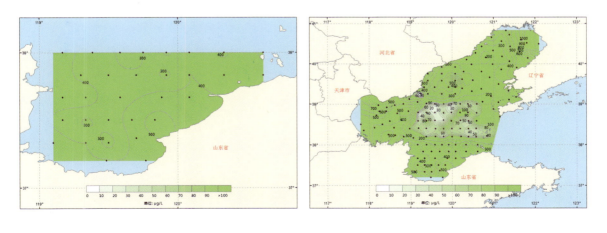

3- 莱州湾（表层）   4- 渤海（表层）

渤海生态环境监测图集 Altas of eco-environment in the Bohai Sea

2013 年渤海生态环境监测
Distributions of eco-environmental monitoring factors in the Bohai Sea in 2013

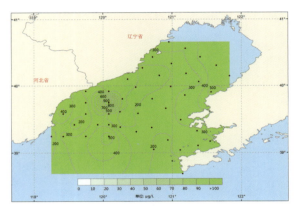

1- 辽东湾（底层）

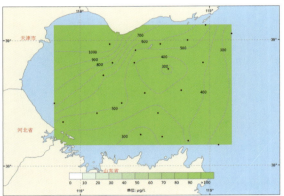

2- 渤海湾（底层）

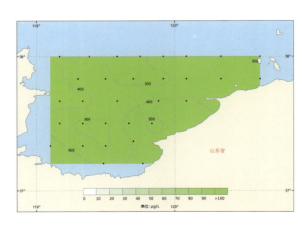

3- 莱州湾（底层）

4- 渤海（底层）

渤海生态环境监测图集 Altas of eco-environment in the Bohai Sea

2013 年渤海生态环境监测
Distributions of eco-environmental monitoring factors in the Bohai Sea in 2013

1.1.9 无机氮分布图

1.1.9.1 春季

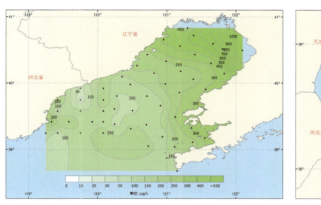

1- 辽东湾（表层）

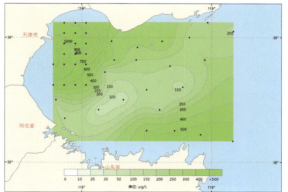

2- 渤海湾（表层）

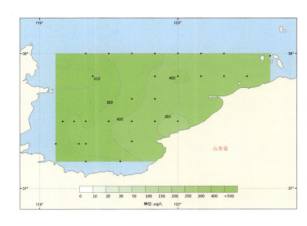

3- 莱州湾（表层）

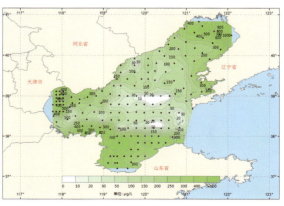

4- 渤海（表层）

渤海生态环境监测图集 Atlas of eco-environment in the Bohai Sea

2013 年渤海生态环境监测
Distributions of eco-environmental monitoring factors in the Bohai Sea in 2013

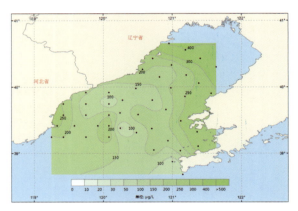

1- 辽东湾（底层）

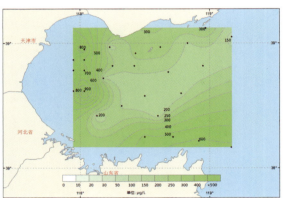

2- 渤海湾（底层）

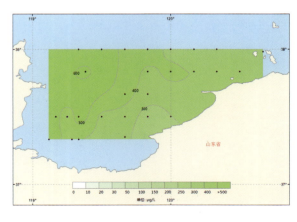

3- 莱州湾（底层）

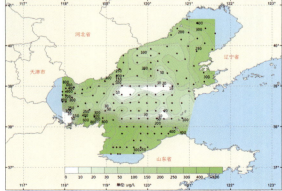

4- 渤海（底层）

渤海生态环境监测图集 Atlas of eco-environment in the Bohai Sea

2013 年渤海生态环境监测
Distributions of eco-environmental monitoring factors in the Bohai Sea in 2013

1.1.9.2　夏季

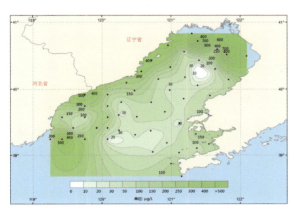

1- 辽东湾（表层）

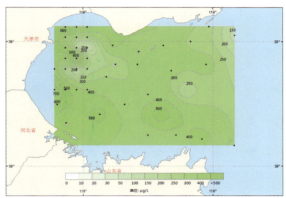

2- 渤海湾（表层）

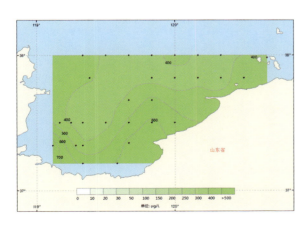

3- 莱州湾（表层）

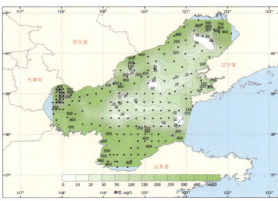

4- 渤海（表层）

渤海生态环境监测图集 Altas of eco-environment in the Bohai Sea

2013 年渤海生态环境监测
Distributions of eco-environmental monitoring factors in the Bohai Sea in 2013

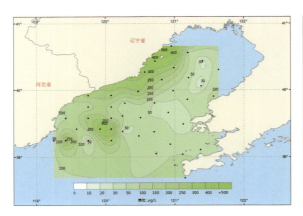

1- 辽东湾（底层）

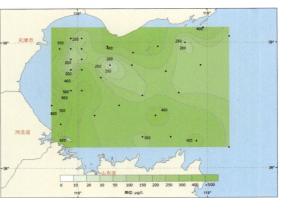

2- 渤海湾（底层）

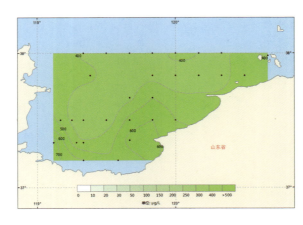

3- 莱州湾（底层）

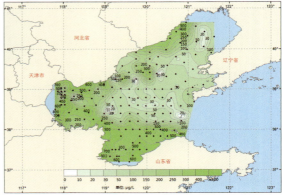

4- 渤海（底层）

2013年渤海生态环境监测
Distributions of eco-environmental monitoring factors in the Bohai Sea in 2013

1.1.9.3 秋季

1- 辽东湾（表层）

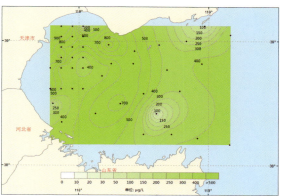

2- 渤海湾（表层）

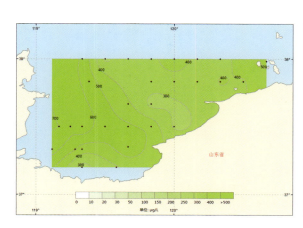

3- 莱州湾（表层）

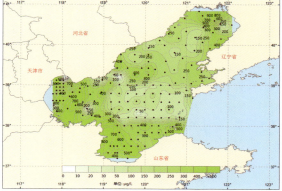

4- 渤海（表层）

渤海生态环境监测图集 Altas of eco-environment in the Bohai Sea

1

2013 年渤海生态环境监测
Distributions of eco-environmental monitoring factors in the Bohai Sea in 2013

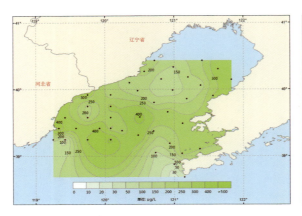

1- 辽东湾（底层）

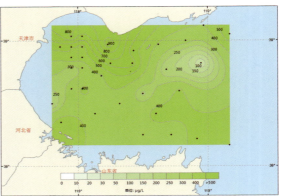

2- 渤海湾（底层）

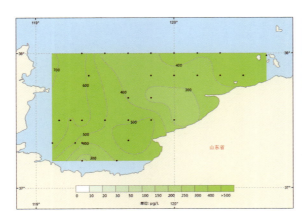

3- 莱州湾（底层）

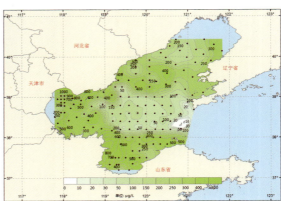

4- 渤海（底层）

2013年渤海生态环境监测

Distributions of eco-environmental monitoring factors in the Bohai Sea in 2013

1.1.9.4 冬季

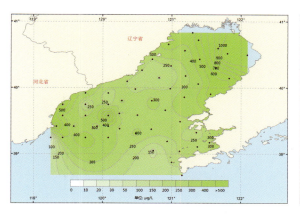

1- 辽东湾（表层）

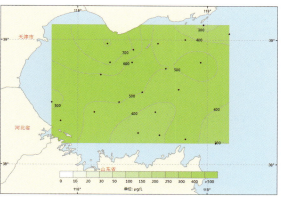

2- 渤海湾（表层）

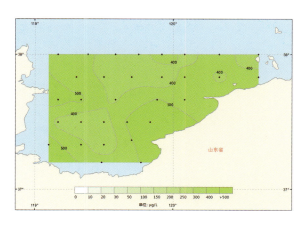

3- 莱州湾（表层）

4- 渤海（表层）

渤海生态环境监测图集 Atlas of eco-environment in the Bohai Sea

2013 年渤海生态环境监测
Distributions of eco-environmental monitoring factors in the Bohai Sea in 2013

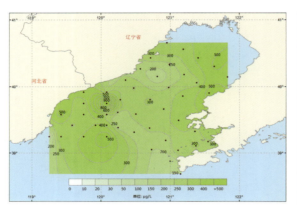

1- 辽东湾（底层）

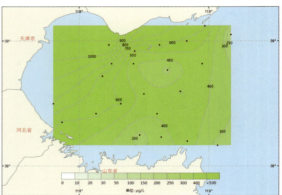

2- 渤海湾（底层）

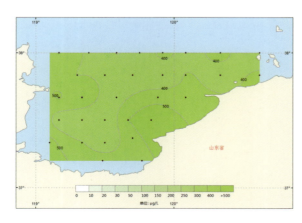

3- 莱州湾（底层）

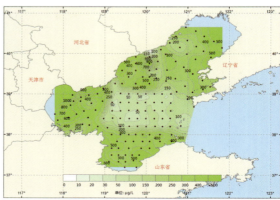

4- 渤海（底层）

渤海生态环境监测图集 Altas of eco-environment in the Bohai Sea

2013年渤海生态环境监测
Distributions of eco-environmental monitoring factors in the Bohai Sea in 2013

1.1.10 活性磷酸盐分布图

1.1.10.1 春季

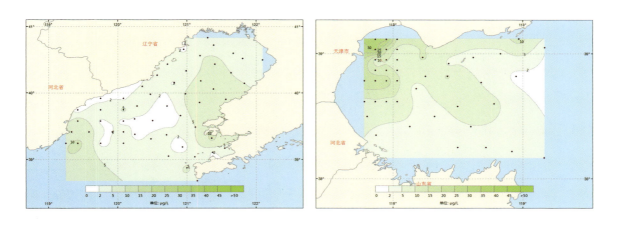

1- 辽东湾（表层）   2- 渤海湾（表层）

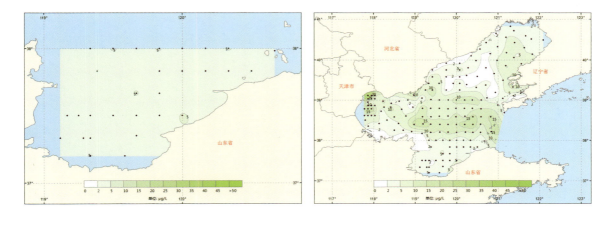

3- 莱州湾（表层）   4- 渤海（表层）

渤海生态环境监测图集 Altas of eco-environment in the Bohai Sea

2013 年渤海生态环境监测
Distributions of eco-environmental monitoring factors in the Bohai Sea in 2013

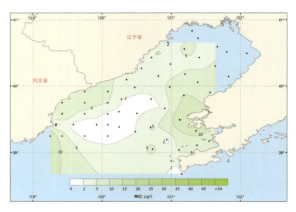

1- 辽东湾（底层）

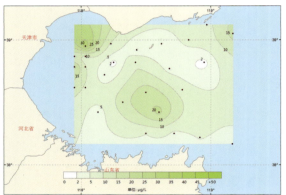

2- 渤海湾（底层）

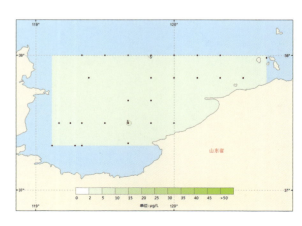

3- 莱州湾（底层）

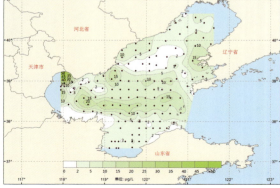

4- 渤海（底层）

渤海生态环境监测图集 Altas of eco-environment in the Bohai Sea

1 2013年渤海生态环境监测
Distributions of eco-environmental monitoring factors in the Bohai Sea in 2013

1.1.10.2 夏季

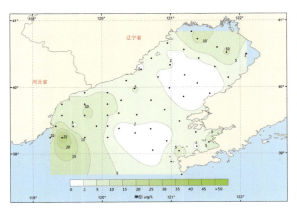

1- 辽东湾（表层）

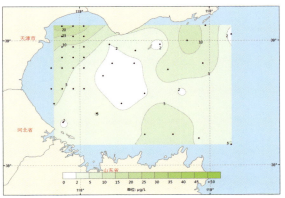

2- 渤海湾（表层）

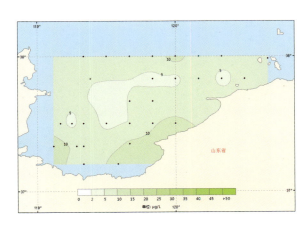

3- 莱州湾（表层）

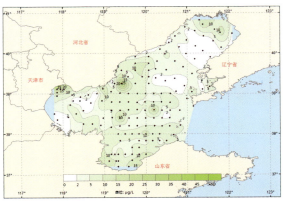

4- 渤海（表层）

渤海生态环境监测图集 Atlas of eco-environment in the Bohai Sea

2013 年渤海生态环境监测
Distributions of eco-environmental monitoring factors in the Bohai Sea in 2013

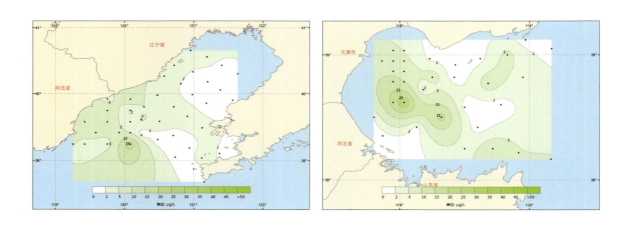

1- 辽东湾（底层）   2- 渤海湾（底层）

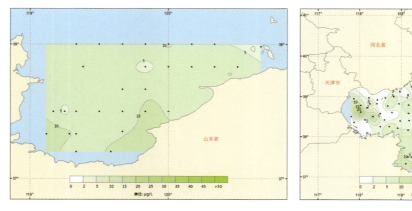
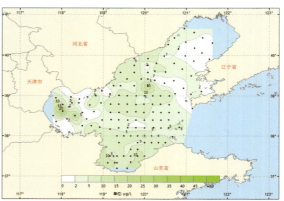

3- 莱州湾（底层）   4- 渤海（底层）

渤海生态环境监测图集 Altas of eco-environment in the Bohai Sea

2013 年渤海生态环境监测
Distributions of eco-environmental monitoring factors in the Bohai Sea in 2013

1.1.10.3　秋季

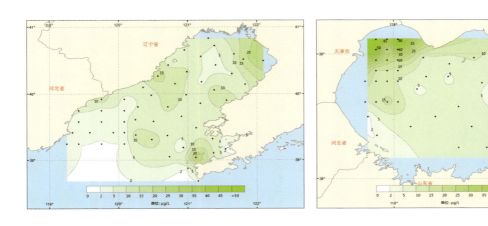

1- 辽东湾（表层）　　　　　　　　　2- 渤海湾（表层）

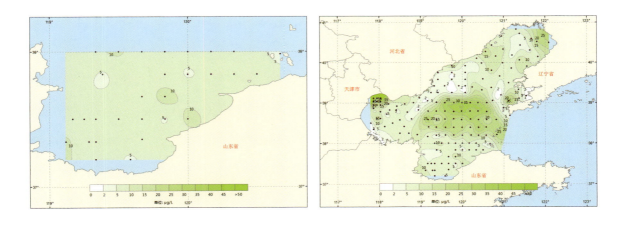

3- 莱州湾（表层）　　　　　　　　　4- 渤海（表层）

1

2013 年渤海生态环境监测
Distributions of eco-environmental monitoring factors in the Bohai Sea in 2013

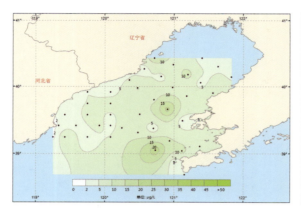

1- 辽东湾（底层）

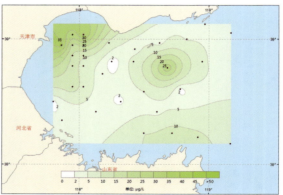

2- 渤海湾（底层）

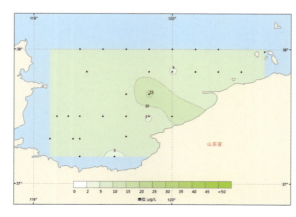

3- 莱州湾（底层）

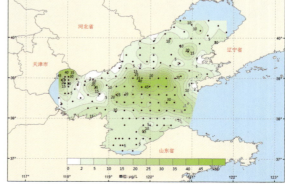

4- 渤海（底层）

渤海生态环境监测图集 Altas of eco-environment in the Bohai Sea

2013 年渤海生态环境监测
Distributions of eco-environmental monitoring factors in the Bohai Sea in 2013

1.1.10.4 冬季

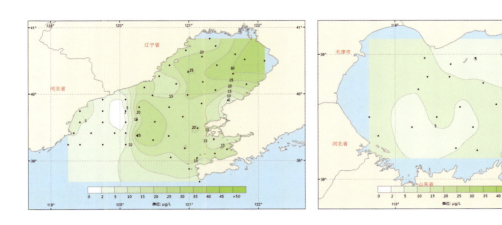

1- 辽东湾（表层）   2- 渤海湾（表层）

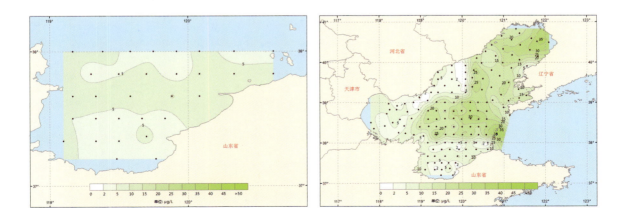

3- 莱州湾（表层）   4- 渤海（表层）

渤海生态环境监测图集 Atlas of eco-environment in the Bohai Sea

2013 年渤海生态环境监测
Distributions of eco-environmental monitoring factors in the Bohai Sea in 2013

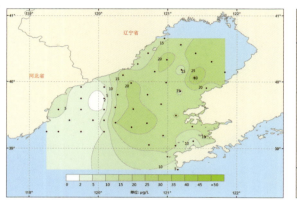

1- 辽东湾（底层）   2- 渤海湾（底层）

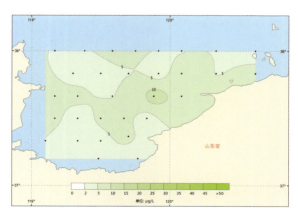

3- 莱州湾（底层）

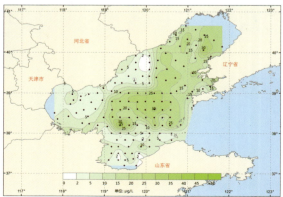

4- 渤海（底层）

渤海生态环境监测图集 Altas of eco-environment in the Bohai Sea

2013年渤海生态环境监测
Distributions of eco-environmental monitoring factors in the Bohai Sea in 2013

1.1.11 石油类分布图

1.1.11.1 春季

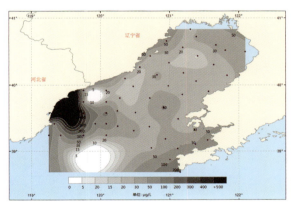

1- 辽东湾（表层）

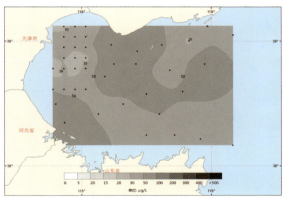

2- 渤海湾（表层）

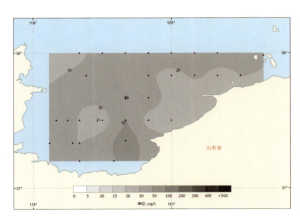

3- 莱州湾（表层）

4- 渤海（表层）

渤海生态环境监测图集 Altas of eco-environment in the Bohai Sea

2013 年渤海生态环境监测
Distributions of eco-environmental monitoring factors in the Bohai Sea in 2013

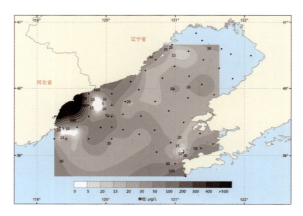

1- 辽东湾（底层）

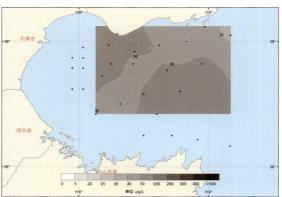

2- 渤海湾（底层）

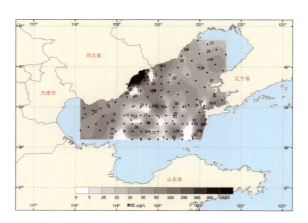

3- 渤海（底层）

1.1.11.2 夏季

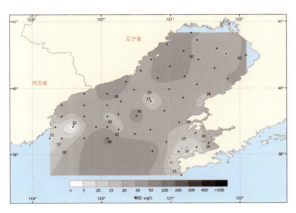

1- 辽东湾（表层）

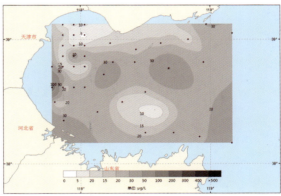

2- 渤海湾（表层）

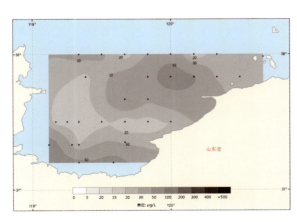

3- 莱州湾（表层）

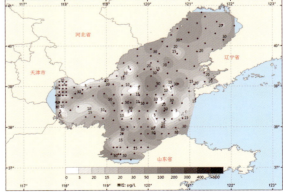

4- 渤海（表层）

渤海生态环境监测图集 Altas of eco-environment in the Bohai Sea

2013 年渤海生态环境监测
Distributions of eco-environmental monitoring factors in the Bohai Sea in 2013

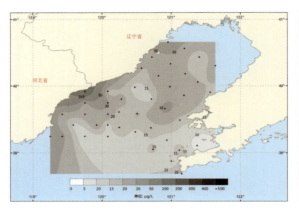

1- 辽东湾（底层）

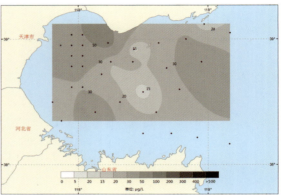

2- 渤海湾（底层）

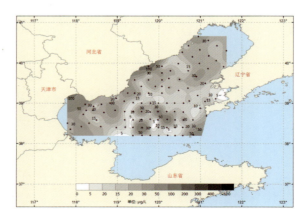

3- 渤海（底层）

渤海生态环境监测图集 Altas of eco-environment in the Bohai Sea

2013 年渤海生态环境监测
Distributions of eco-environmental monitoring factors in the Bohai Sea in 2013

1.1.11.3 秋季

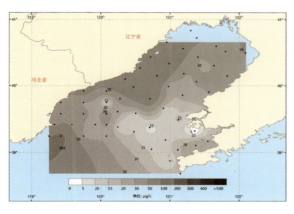

1- 辽东湾（表层）

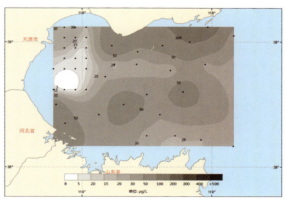

2- 渤海湾（表层）

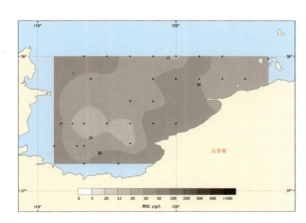

3- 莱州湾（表层）

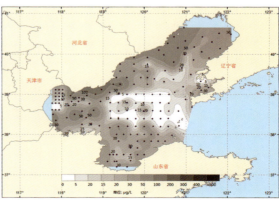

4- 渤海（表层）

渤海生态环境监测图集 Altas of eco-environment in the Bohai Sea

2013 年渤海生态环境监测
Distributions of eco-environmental monitoring factors in the Bohai Sea in 2013

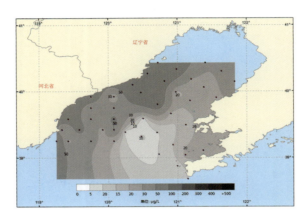

1- 辽东湾（底层）

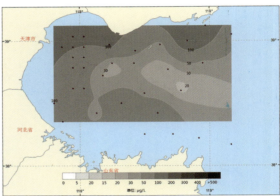

2- 渤海湾（底层）

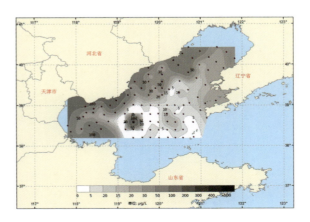

3- 渤海（底层）

渤海生态环境监测图集 Altas of eco-environment in the Bohai Sea

2013 年渤海生态环境监测
Distributions of eco-environmental monitoring factors in the Bohai Sea in 2013

1.1.11.4 冬季

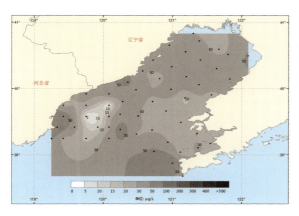

1- 辽东湾（表层）

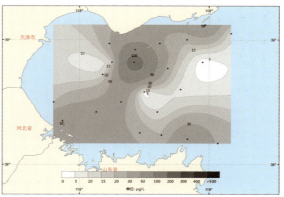

2- 渤海湾（表层）

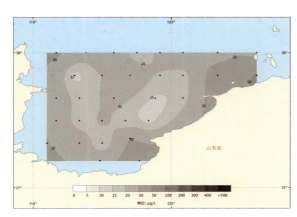

3- 莱州湾（表层）

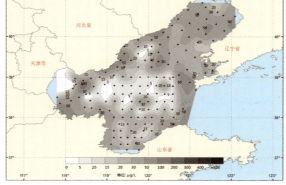

4- 渤海（表层）

渤海生态环境监测图集 Altas of eco-environment in the Bohai Sea

2013 年渤海生态环境监测
Distributions of eco-environmental monitoring factors in the Bohai Sea in 2013

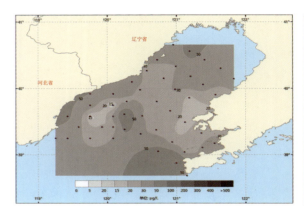

1- 辽东湾（底层）

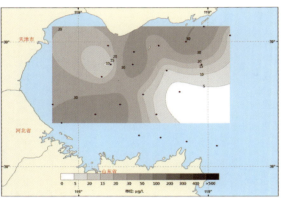

2- 渤海湾（底层）

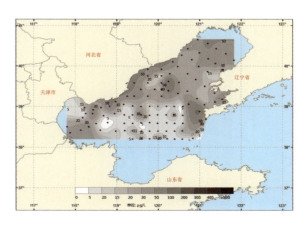

3- 渤海（底层）

2013 年渤海生态环境监测
Distributions of eco-environmental monitoring factors in the Bohai Sea in 2013

1.1.12 铜分布图

1.1.12.1 春季

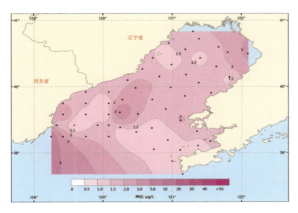

1- 辽东湾（表层）

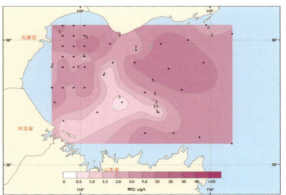

2- 渤海湾（表层）

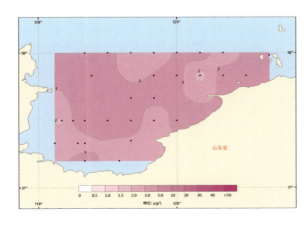

3- 莱州湾（表层）

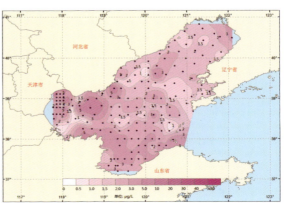

4- 渤海（表层）

渤海生态环境监测图集 Altas of eco-environment in the Bohai Sea

2013 年渤海生态环境监测
Distributions of eco-environmental monitoring factors in the Bohai Sea in 2013

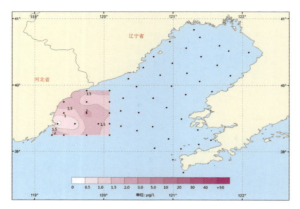

1- 辽东湾（底层）

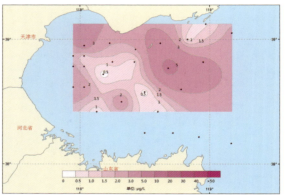

2- 渤海湾（底层）

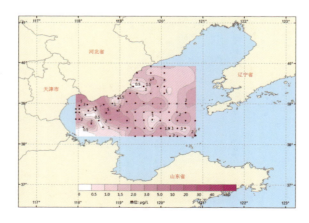

3- 渤海（底层）

渤海生态环境监测图集 Atlas of eco-environment in the Bohai Sea

2013 年渤海生态环境监测
Distributions of eco-environmental monitoring factors in the Bohai Sea in 2013

1.1.12.2 夏季

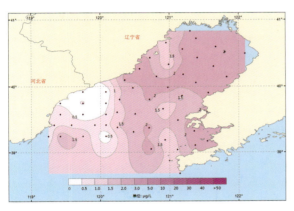

1- 辽东湾（表层）

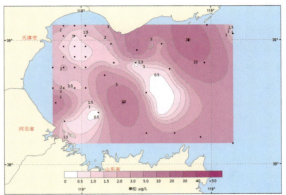

2- 渤海湾（表层）

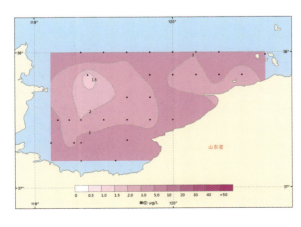

3- 莱州湾（表层）

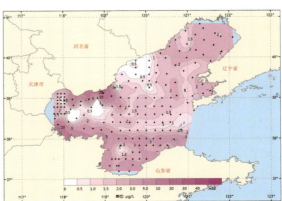

4- 渤海（表层）

渤海生态环境监测图集 Altas of eco-environment in the Bohai Sea

2013 年渤海生态环境监测
Distributions of eco-environmental monitoring factors in the Bohai Sea in 2013

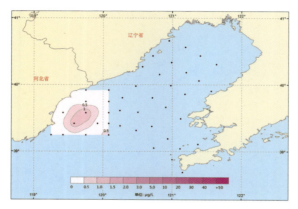

1- 辽东湾（底层）

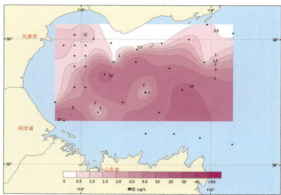

2- 渤海湾（底层）

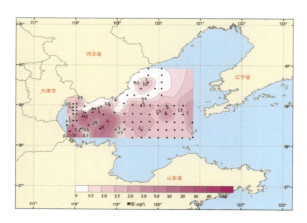

3- 渤海（底层）

渤海生态环境监测图集 Altas of eco-environment in the Bohai Sea

2013 年渤海生态环境监测
Distributions of eco-environmental monitoring factors in the Bohai Sea in 2013

1.1.12.3 秋季

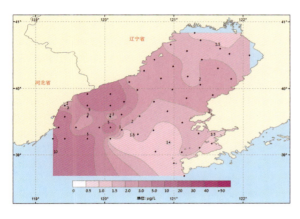

1- 辽东湾（表层）

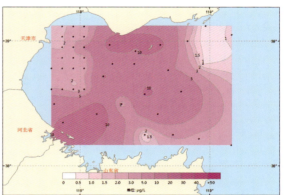

2- 渤海湾（表层）

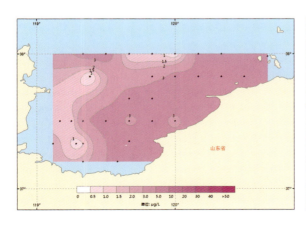

3- 莱州湾（表层）

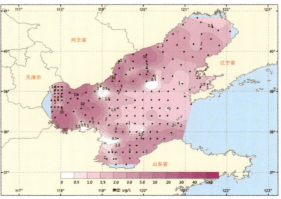

4- 渤海（表层）

渤海生态环境监测图集 Altas of eco-environment in the Bohai Sea

2013 年渤海生态环境监测
Distributions of eco-environmental monitoring factors in the Bohai Sea in 2013

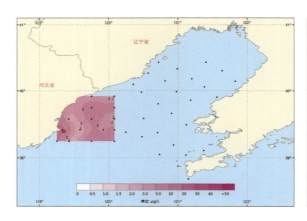

1- 辽东湾（底层）

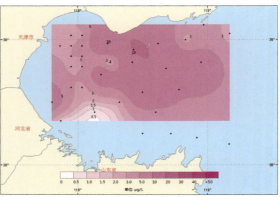

2- 渤海湾（底层）

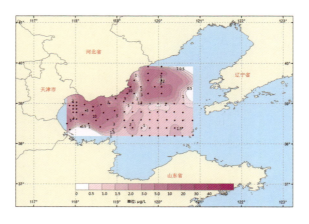

3- 渤海（底层）

渤海生态环境监测图集 Atlas of eco-environment in the Bohai Sea

2013 年渤海生态环境监测
Distributions of eco-environmental monitoring factors in the Bohai Sea in 2013

1.1.12.4 冬季

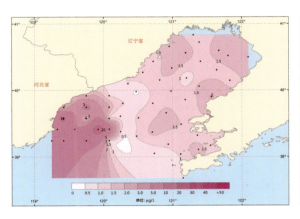

1- 辽东湾（表层）

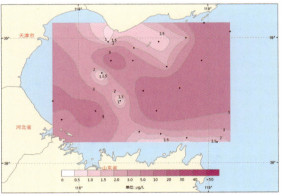

2- 渤海湾（表层）

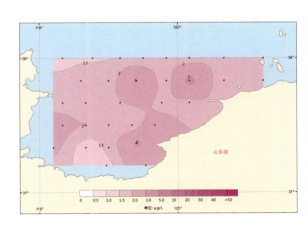

3- 莱州湾（表层）

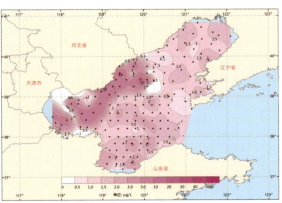

4- 渤海（表层）

渤海生态环境监测图集 Altas of eco-environment in the Bohai Sea

2013 年渤海生态环境监测
Distributions of eco-environmental monitoring factors in the Bohai Sea in 2013

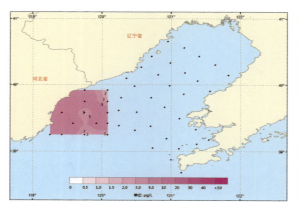

1- 辽东湾（底层）

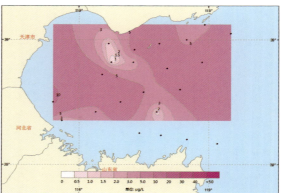

2- 渤海湾（底层）

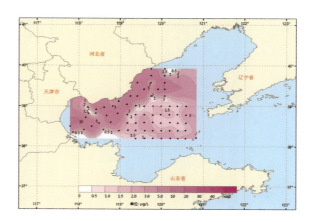

3- 渤海（底层）

渤海生态环境监测图集 Atlas of eco-environment in the Bohai Sea

2013 年渤海生态环境监测
Distributions of eco-environmental monitoring factors in the Bohai Sea in 2013

1.1.13 铅分布图

1.1.13.1 春季

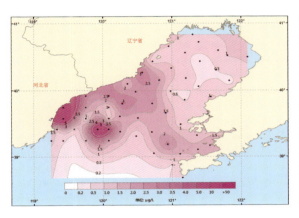

1- 辽东湾（表层）

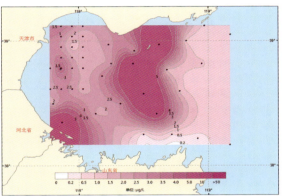

2- 渤海湾（表层）

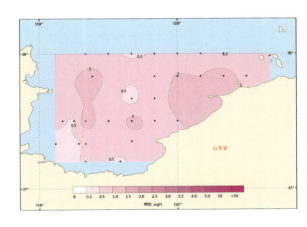

3- 莱州湾（表层）

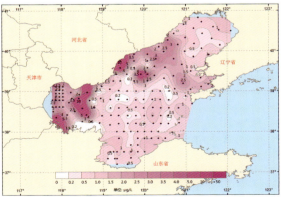

4- 渤海（表层）

渤海生态环境监测图集 Altas of eco-environment in the Bohai Sea

2013年渤海生态环境监测
Distributions of eco-environmental monitoring factors in the Bohai Sea in 2013

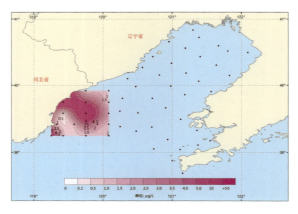

1- 辽东湾（底层）

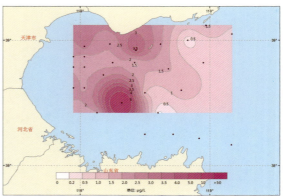

2- 渤海湾（底层）

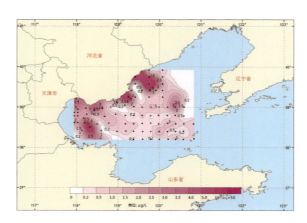

3- 渤海（底层）

2013年渤海生态环境监测
Distributions of eco-environmental monitoring factors in the Bohai Sea in 2013

1.1.13.2 夏季

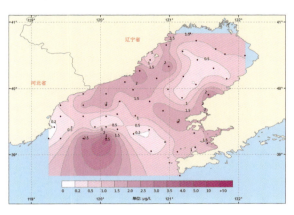

1- 辽东湾（表层）

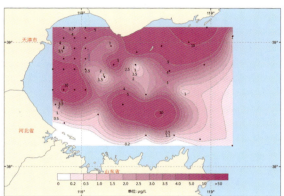

2- 渤海湾（表层）

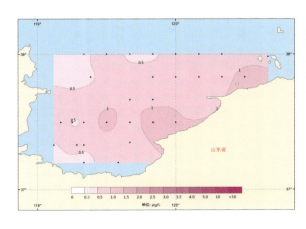

3- 莱州湾（表层）

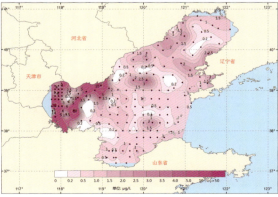

4- 渤海（表层）

渤海生态环境监测图集 Altas of eco-environment in the Bohai Sea

2013 年渤海生态环境监测
Distributions of eco-environmental monitoring factors in the Bohai Sea in 2013

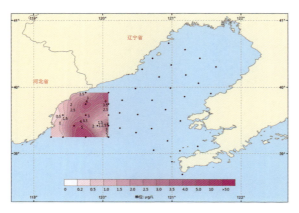

1- 辽东湾（底层）

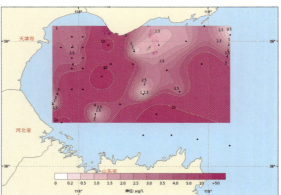

2- 渤海湾（底层）

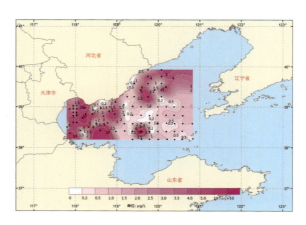

3- 渤海（底层）

渤海生态环境监测图集 Altas of eco-environment in the Bohai Sea

2013 年渤海生态环境监测
Distributions of eco-environmental monitoring factors in the Bohai Sea in 2013

1.1.13.3 秋季

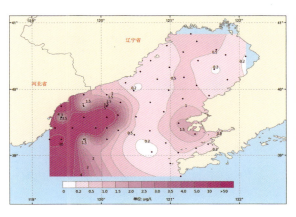

1- 辽东湾（表层）

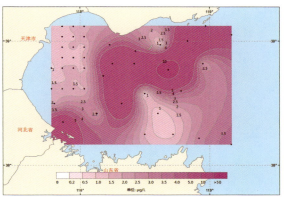

2- 渤海湾（表层）

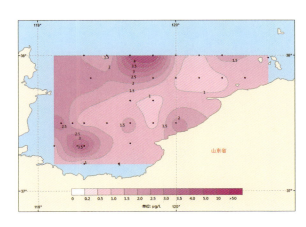

3- 莱州湾（表层）

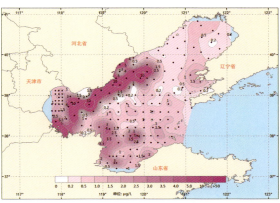

4- 渤海（表层）

渤海生态环境监测图集 Altas of eco-environment in the Bohai Sea

2013 年渤海生态环境监测
Distributions of eco-environmental monitoring factors in the Bohai Sea in 2013

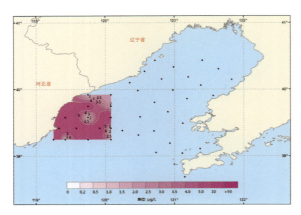

1- 辽东湾（底层）

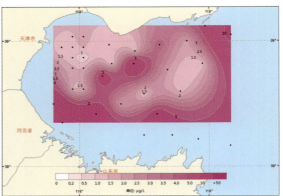

2- 渤海湾（底层）

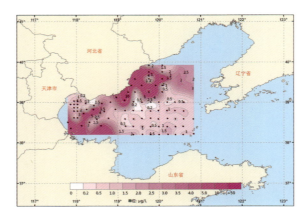

3- 渤海（底层）

渤海生态环境监测图集 Altas of eco-environment in the Bohai Sea

2013 年渤海生态环境监测
Distributions of eco-environmental monitoring factors in the Bohai Sea in 2013

1.1.13.4 冬季

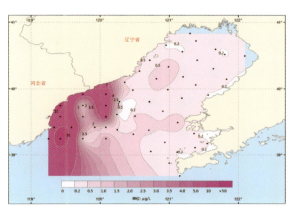

1- 辽东湾（表层）

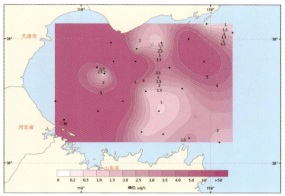

2- 渤海湾（表层）

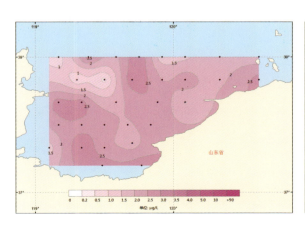

3- 莱州湾（表层）

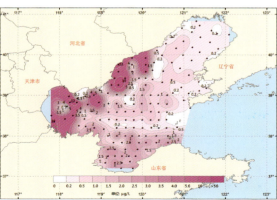

4- 渤海（表层）

2013 年渤海生态环境监测
Distributions of eco-environmental monitoring factors in the Bohai Sea in 2013

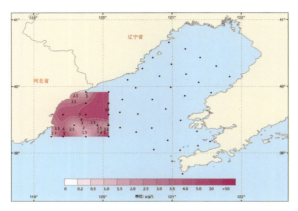

1- 辽东湾（底层）

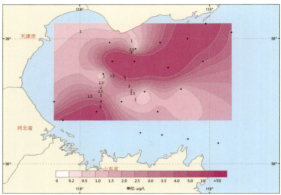

2- 渤海湾（底层）

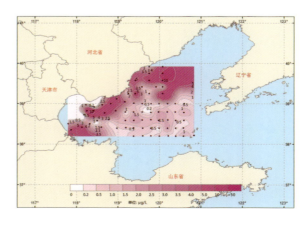

3- 渤海（底层）

渤海生态环境监测图集 Altas of eco-environment in the Bohai Sea

2013年渤海生态环境监测
Distributions of eco-environmental monitoring factors in the Bohai Sea in 2013

1.1.14 锌分布图

1.1.14.1 春季

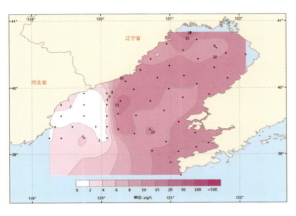

1- 辽东湾（表层）

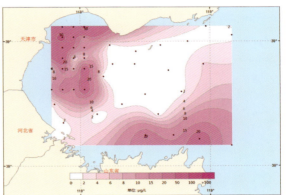

2- 渤海湾（表层）

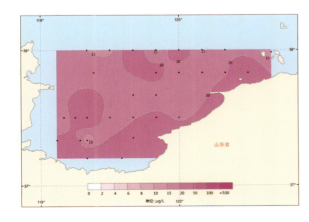

3- 莱州湾（表层）

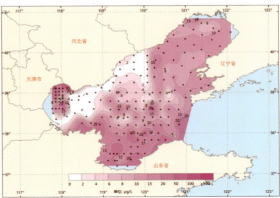

4- 渤海（表层）

- 105 -

渤海生态环境监测图集 Altas of eco-environment in the Bohai Sea

2013 年渤海生态环境监测
Distributions of eco-environmental monitoring factors in the Bohai Sea in 2013

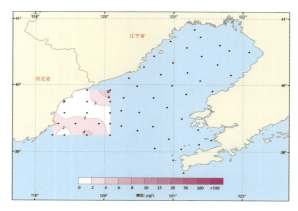

1- 辽东湾（底层）

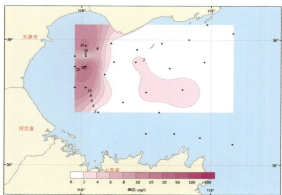

2- 渤海湾（底层）

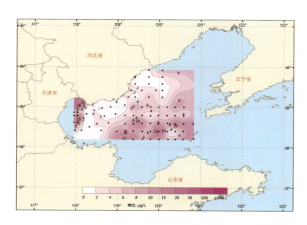

3- 渤海（底层）

渤海生态环境监测图集 Altas of eco-environment in the Bohai Sea

2013 年渤海生态环境监测
Distributions of eco-environmental monitoring factors in the Bohai Sea in 2013

1.1.14.2　夏季

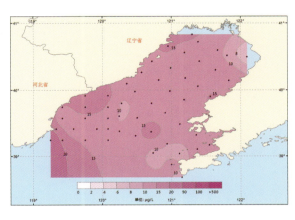

1- 辽东湾（表层）

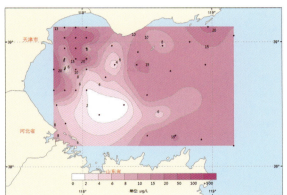

2- 渤海湾（表层）

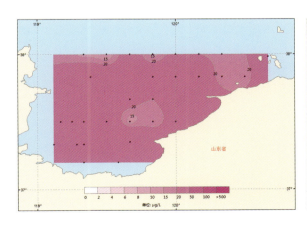

3- 莱州湾（表层）

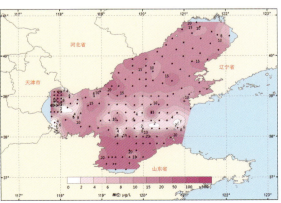

4- 渤海（表层）

渤海生态环境监测图集 Altas of eco-environment in the Bohai Sea

2013 年渤海生态环境监测
Distributions of eco-environmental monitoring factors in the Bohai Sea in 2013

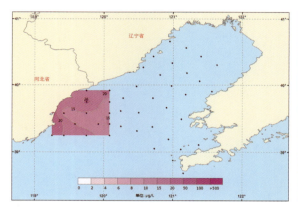

1- 辽东湾（底层）

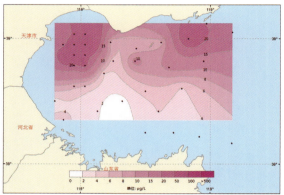

2- 渤海湾（底层）

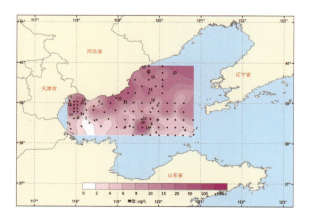

3- 渤海（底层）

2013年渤海生态环境监测
Distributions of eco-environmental monitoring factors in the Bohai Sea in 2013

1.1.14.3 秋季

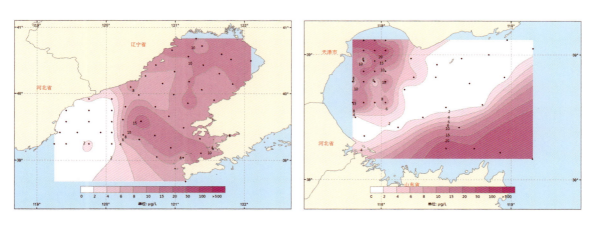

1- 辽东湾（表层）   2- 渤海湾（表层）

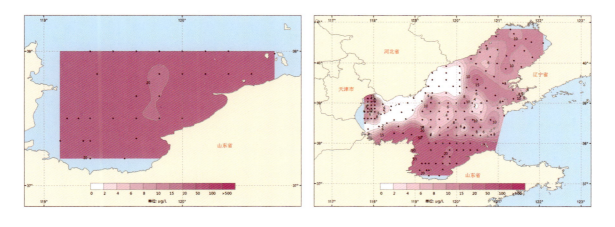

3- 莱州湾（表层）   4- 渤海（表层）

渤海生态环境监测图集 Altas of eco-environment in the Bohai Sea

2013 年渤海生态环境监测
Distributions of eco-environmental monitoring factors in the Bohai Sea in 2013

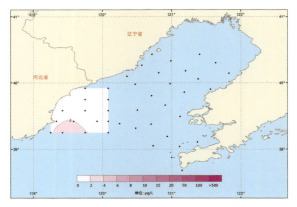

1- 辽东湾（底层）

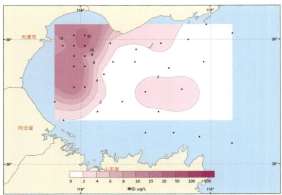

2- 渤海湾（底层）

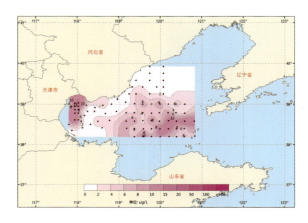

3- 渤海（底层）

渤海生态环境监测图集 Altas of eco-environment in the Bohai Sea

2013 年渤海生态环境监测
Distributions of eco-environmental monitoring factors in the Bohai Sea in 2013

1.1.14.4 冬季

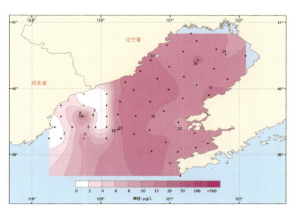

1- 辽东湾（表层）

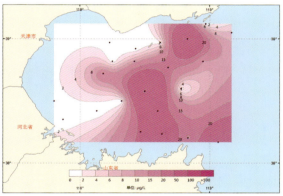

2- 渤海湾（表层）

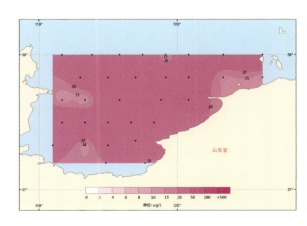

3- 莱州湾（表层）

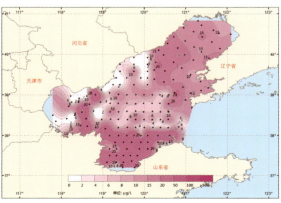

4- 渤海（表层）

渤海生态环境监测图集 Altas of eco-environment in the Bohai Sea

1

2013年渤海生态环境监测
Distributions of eco-environmental monitoring factors in the Bohai Sea in 2013

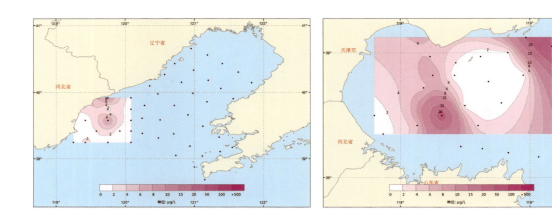

1- 辽东湾（底层）　　　　　　　　　　2- 渤海湾（底层）

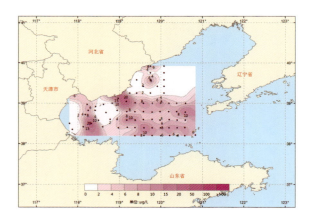

3- 渤海（底层）

渤海生态环境监测图集 Altas of eco-environment in the Bohai Sea

2013 年渤海生态环境监测
Distributions of eco-environmental monitoring factors in the Bohai Sea in 2013

1.1.15 镉分布图

1.1.15.1 春季

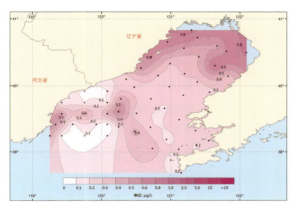

1- 辽东湾（表层）

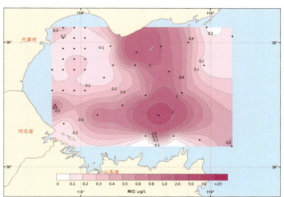

2- 渤海湾（表层）

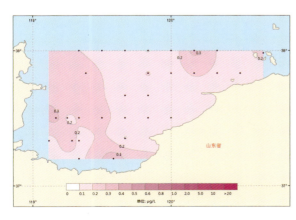

3- 莱州湾（表层）

4- 渤海（表层）

渤海生态环境监测图集 Altas of eco-environment in the Bohai Sea

2013 年渤海生态环境监测
Distributions of eco-environmental monitoring factors in the Bohai Sea in 2013

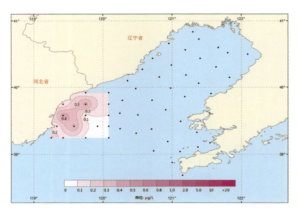

1- 辽东湾（底层）

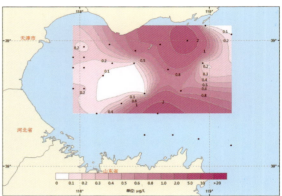

2- 渤海湾（底层）

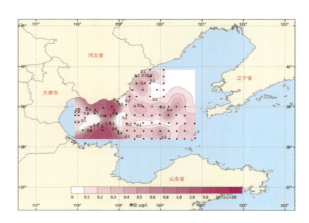

3- 渤海（底层）

渤海生态环境监测图集 Atlas of eco-environment in the Bohai Sea

2013年渤海生态环境监测
Distributions of eco-environmental monitoring factors in the Bohai Sea in 2013

1.1.15.2　夏季

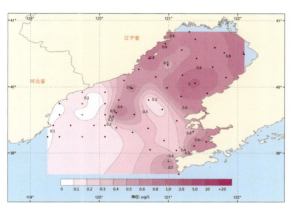

1- 辽东湾（表层）

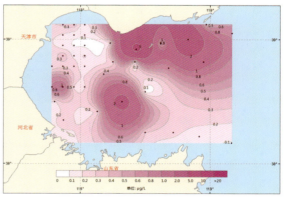

2- 渤海湾（表层）

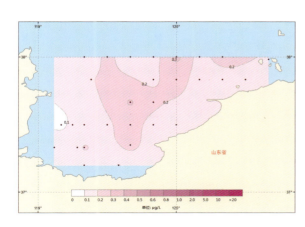

3- 莱州湾（表层）

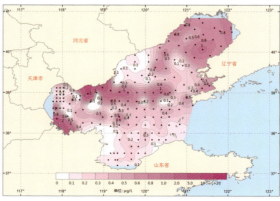

4- 渤海（表层）

2013年渤海生态环境监测
Distributions of eco-environmental monitoring factors in the Bohai Sea in 2013

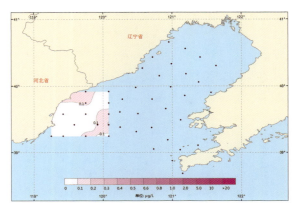

1- 辽东湾（底层）

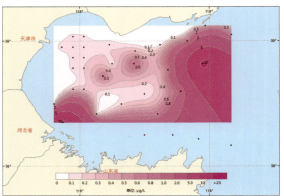

2- 渤海湾（底层）

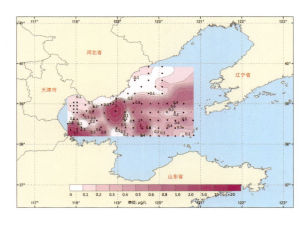

3- 渤海（底层）

渤海生态环境监测图集 Atlas of eco-environment in the Bohai Sea

2013 年渤海生态环境监测
Distributions of eco-environmental monitoring factors in the Bohai Sea in 2013

1.1.15.3 秋季

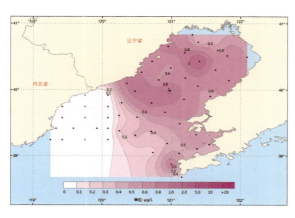

1- 辽东湾（表层）

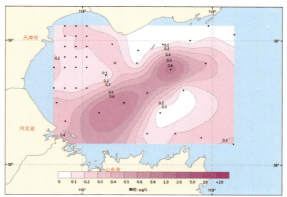

2- 渤海湾（表层）

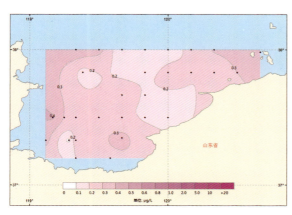

3- 莱州湾（表层）

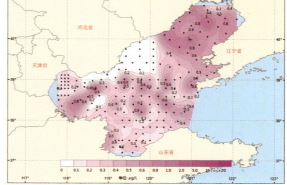

4- 渤海（表层）

渤海生态环境监测图集 Altas of eco-environment in the Bohai Sea

2013 年渤海生态环境监测
Distributions of eco-environmental monitoring factors in the Bohai Sea in 2013

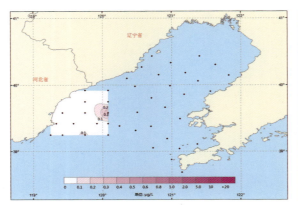

1- 辽东湾（底层）

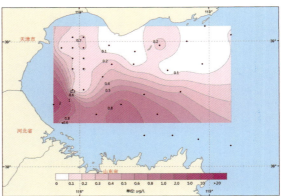

2- 渤海湾（底层）

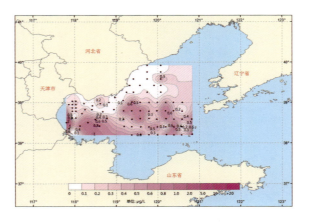

3- 渤海（底层）

渤海生态环境监测图集 Altas of eco-environment in the Bohai Sea

2013年渤海生态环境监测
Distributions of eco-environmental monitoring factors in the Bohai Sea in 2013

1.1.15.4 冬季

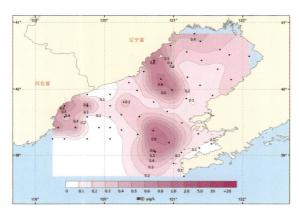

1- 辽东湾（表层）

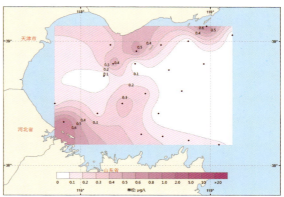

2- 渤海湾（表层）

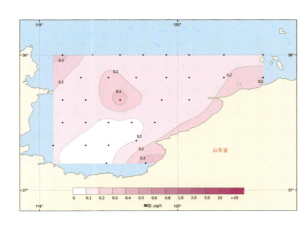

3- 莱州湾（表层）

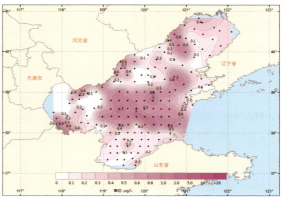

4- 渤海（表层）

渤海生态环境监测图集 Altas of eco-environment in the Bohai Sea

2013 年渤海生态环境监测
Distributions of eco-environmental monitoring factors in the Bohai Sea in 2013

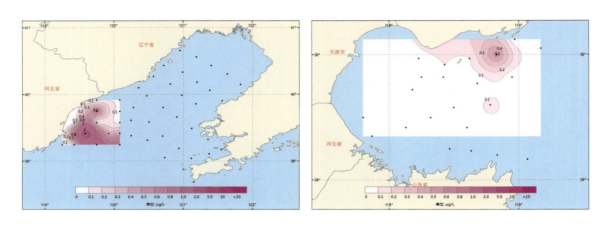

1- 辽东湾（底层）   2- 渤海湾（底层）

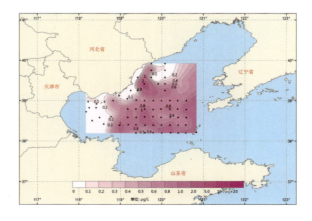

3- 渤海（底层）

渤海生态环境监测图集 Altas of eco-environment in the Bohai Sea

2013 年渤海生态环境监测
Distributions of eco-environmental monitoring factors in the Bohai Sea in 2013

1.1.16　汞分布图

1.1.16.1　春季

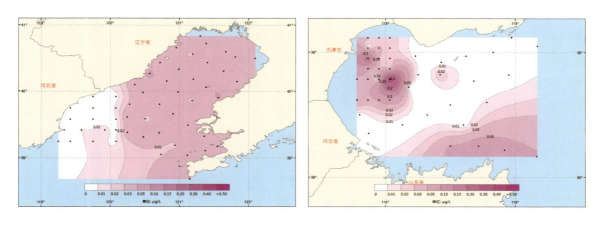

1- 辽东湾（表层）　　　　　　　　　　2- 渤海湾（表层）

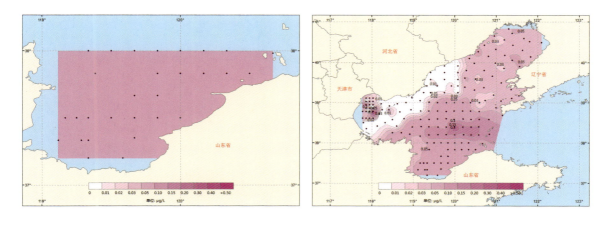

3- 莱州湾（表层）　　　　　　　　　　4- 渤海（表层）

渤海生态环境监测图集 Altas of eco-environment in the Bohai Sea

2013 年渤海生态环境监测
Distributions of eco-environmental monitoring factors in the Bohai Sea in 2013

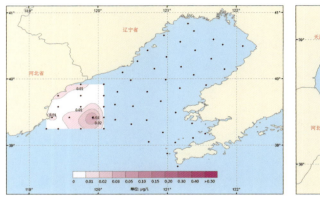

1- 辽东湾（底层）

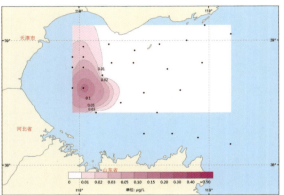

2- 渤海湾（底层）

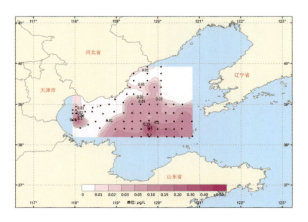

3- 渤海（底层）

渤海生态环境监测图集 Altas of eco-environment in the Bohai Sea

2013 年渤海生态环境监测
Distributions of eco-environmental monitoring factors in the Bohai Sea in 2013

1.1.16.2 夏季

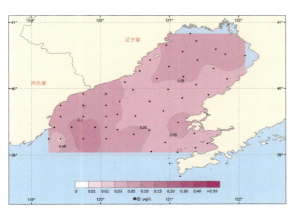

1- 辽东湾（表层）

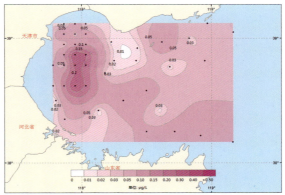

2- 渤海湾（表层）

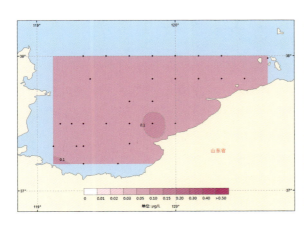

3- 莱州湾（表层）

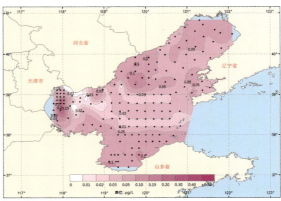

4- 渤海（表层）

渤海生态环境监测图集 Altas of eco-environment in the Bohai Sea

2013 年渤海生态环境监测
Distributions of eco-environmental monitoring factors in the Bohai Sea in 2013

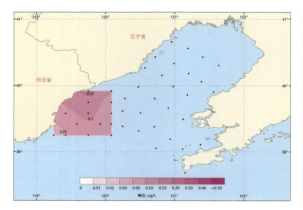

1- 辽东湾（底层）

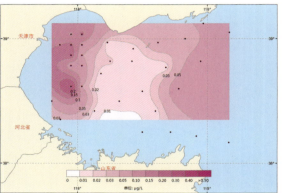

2- 渤海湾（底层）

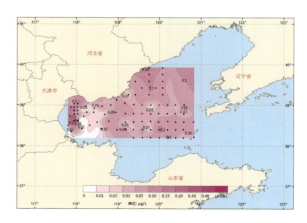

3- 渤海（底层）

渤海生态环境监测图集 Altas of eco-environment in the Bohai Sea

2013 年渤海生态环境监测
Distributions of eco-environmental monitoring factors in the Bohai Sea in 2013

1.1.16.3 秋季

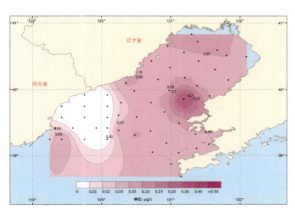

1- 辽东湾（表层）

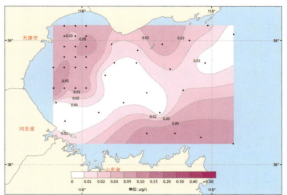

2- 渤海湾（表层）

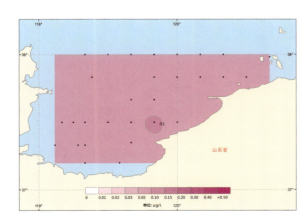

3- 莱州湾（表层）

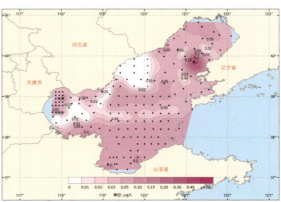

4- 渤海（表层）

渤海生态环境监测图集 Altas of eco-environment in the Bohai Sea

2013 年渤海生态环境监测
Distributions of eco-environmental monitoring factors in the Bohai Sea in 2013

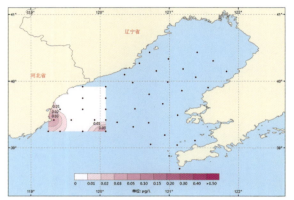

1- 辽东湾（底层）

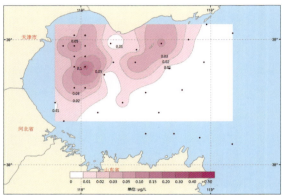

2- 渤海湾（底层）

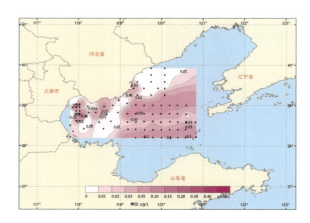

3- 渤海（底层）

渤海生态环境监测图集 Altas of eco-environment in the Bohai Sea

2013 年渤海生态环境监测
Distributions of eco-environmental monitoring factors in the Bohai Sea in 2013

1.1.16.4　冬季

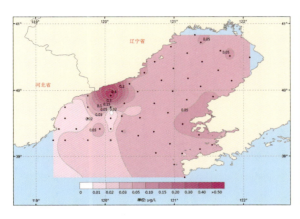

1- 辽东湾（表层）

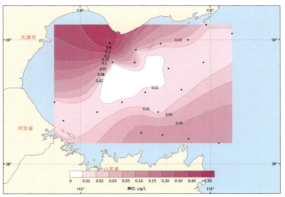

2- 渤海湾（表层）

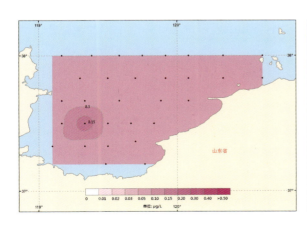

3- 莱州湾（表层）

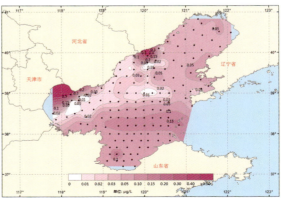

4- 渤海（表层）

渤海生态环境监测图集 Altas of eco-environment in the Bohai Sea

2013 年渤海生态环境监测
Distributions of eco-environmental monitoring factors in the Bohai Sea in 2013

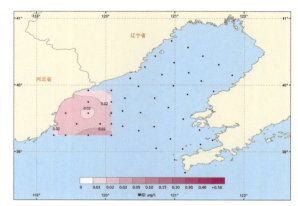

1- 辽东湾（底层）

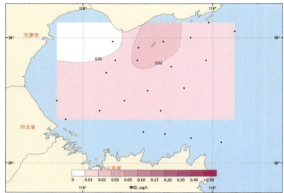

2- 渤海湾（底层）

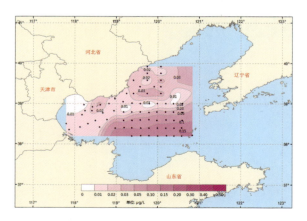

3- 渤海（底层）

渤海生态环境监测图集 Altas of eco-environment in the Bohai Sea

2013 年渤海生态环境监测
Distributions of eco-environmental monitoring factors in the Bohai Sea in 2013

1.1.17　砷分布图

1.1.17.1　春季

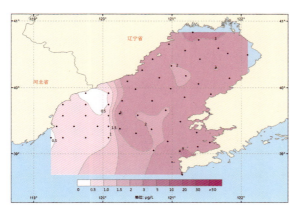

1- 辽东湾（表层）

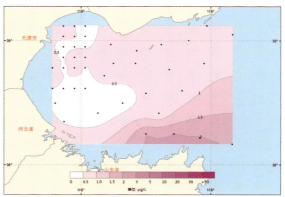

2- 渤海湾（表层）

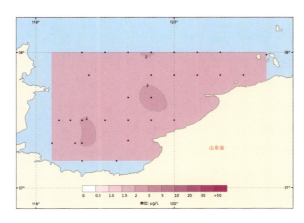

3- 莱州湾（表层）

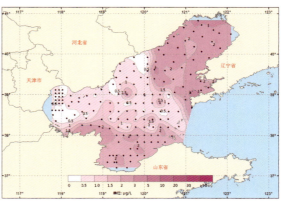

4- 渤海（表层）

渤海生态环境监测图集 Altas of eco-environment in the Bohai Sea

2013 年渤海生态环境监测
Distributions of eco-environmental monitoring factors in the Bohai Sea in 2013

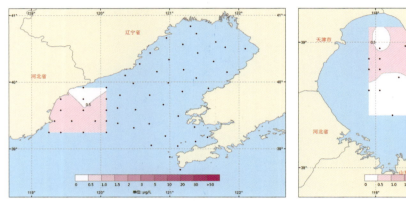

1- 辽东湾（底层）　　　　　　　　2- 渤海湾（底层）

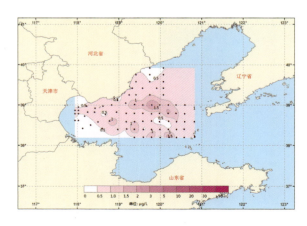

3- 渤海（底层）

2013年渤海生态环境监测
Distributions of eco-environmental monitoring factors in the Bohai Sea in 2013

1.1.17.2 夏季

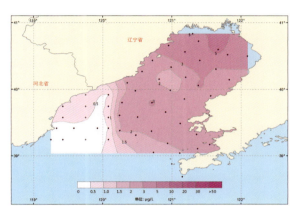

1- 辽东湾（表层）

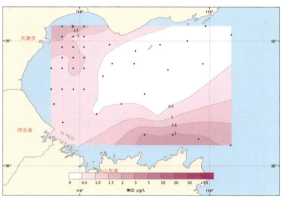

2- 渤海湾（表层）

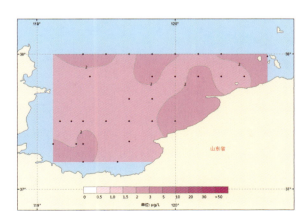

3- 莱州湾（表层）

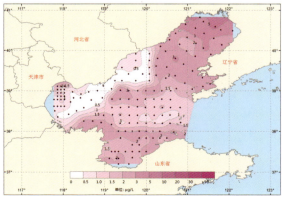

4- 渤海（表层）

2013 年渤海生态环境监测
Distributions of eco-environmental monitoring factors in the Bohai Sea in 2013

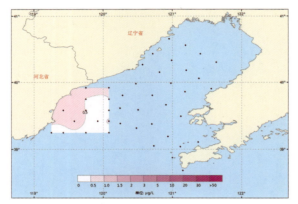

1- 辽东湾（底层）

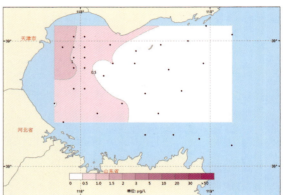

2- 渤海湾（底层）

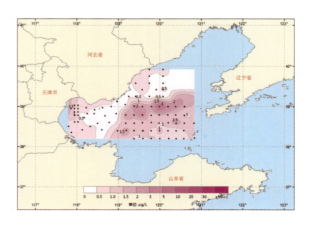

3- 渤海（底层）

渤海生态环境监测图集 Altas of eco-environment in the Bohai Sea

2013 年渤海生态环境监测
Distributions of eco-environmental monitoring factors in the Bohai Sea in 2013

1.1.17.3　秋季

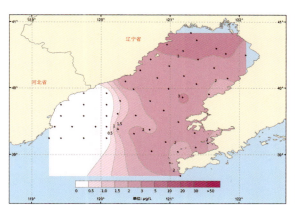

1- 辽东湾（表层）

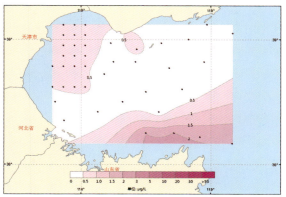

2- 渤海湾（表层）

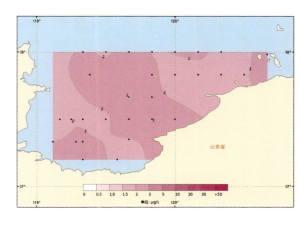

3- 莱州湾（表层）

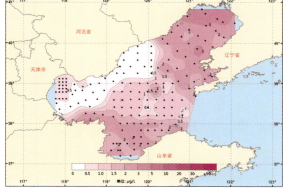

4- 渤海（表层）

渤海生态环境监测图集 Atlas of eco-environment in the Bohai Sea

2013 年渤海生态环境监测
Distributions of eco-environmental monitoring factors in the Bohai Sea in 2013

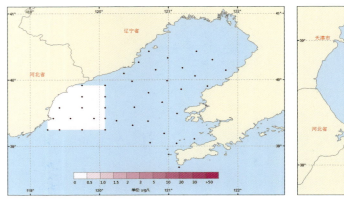

1- 辽东湾（底层）

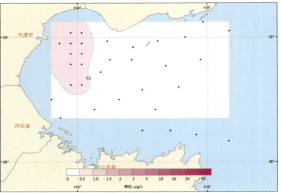

2- 渤海湾（底层）

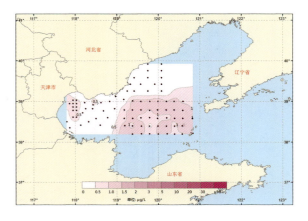

3- 渤海（底层）

渤海生态环境监测图集 Altas of eco-environment in the Bohai Sea

2013年渤海生态环境监测
Distributions of eco-environmental monitoring factors in the Bohai Sea in 2013

1.1.17.4　冬季

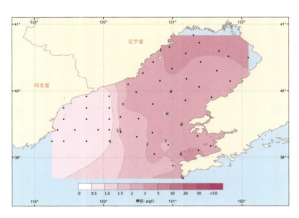

1- 辽东湾（表层）

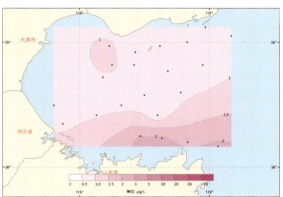

2- 渤海湾（表层）

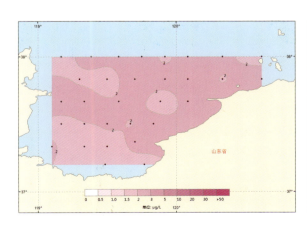

3- 莱州湾（表层）

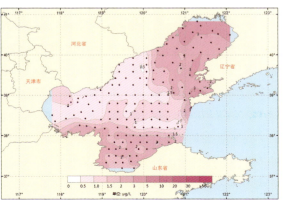

4- 渤海（表层）

渤海生态环境监测图集 Atlas of eco-environment in the Bohai Sea

2013 年渤海生态环境监测
Distributions of eco-environmental monitoring factors in the Bohai Sea in 2013

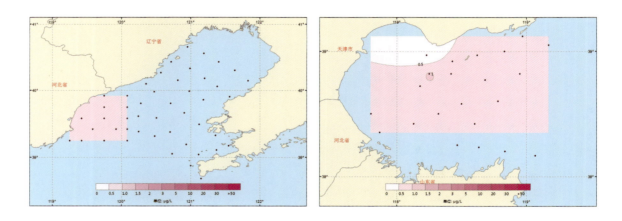

1- 辽东湾（底层）　　　　　　　　　　　2- 渤海湾（底层）

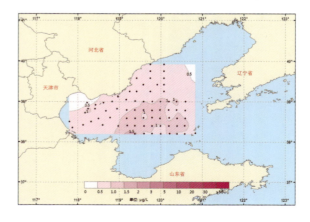

3- 渤海（底层）

渤海生态环境监测图集 Atlas of eco-environment in the Bohai Sea

2013年渤海生态环境监测
Distributions of eco-environmental monitoring factors in the Bohai Sea in 2013

1.2 沉积环境

1.2.1 石油类分布图

1.2.1.1 春季

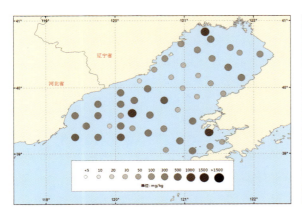

1- 辽东湾

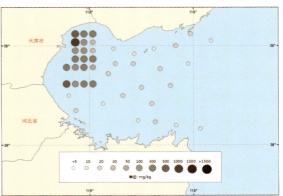

2- 渤海湾

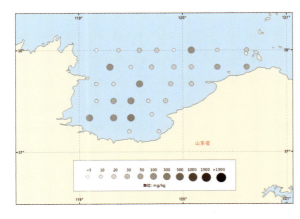

3- 莱州湾

4- 渤海

1.2.1.2 夏季

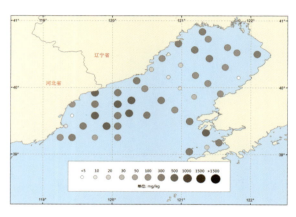

1- 辽东湾

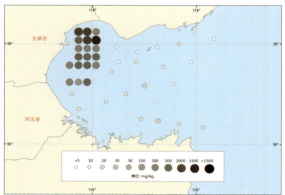

2- 渤海湾

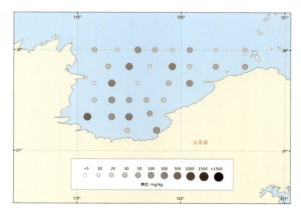

3- 莱州湾

4- 渤海

渤海生态环境监测图集 Altas of eco-environment in the Bohai Sea

2013 年渤海生态环境监测
Distributions of eco-environmental monitoring factors in the Bohai Sea in 2013

1.2.1.3 秋季

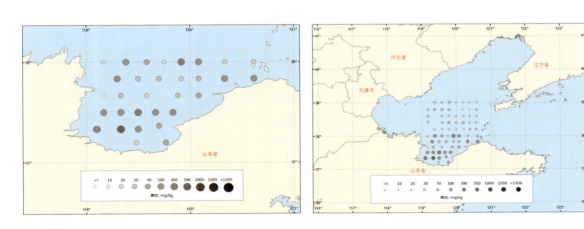

1- 莱州湾　　　　　　　　　　　　2- 渤海

1.2.1.4 冬季

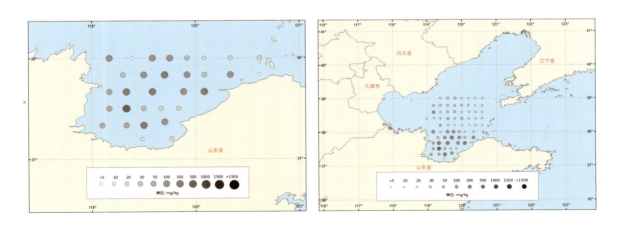

1- 莱州湾　　　　　　　　　　　　2- 渤海

渤海生态环境监测图集 Altas of eco-environment in the Bohai Sea

2013年渤海生态环境监测
Distributions of eco-environmental monitoring factors in the Bohai Sea in 2013

1.2.2 铜分布图

1.2.2.1 春季

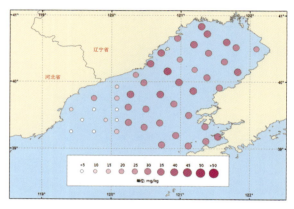

1- 辽东湾

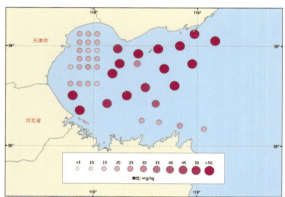

2- 渤海湾

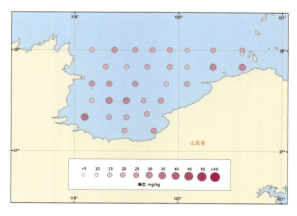

3- 莱州湾

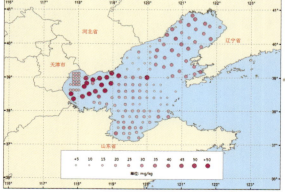

4- 渤海

渤海生态环境监测图集 Altas of eco-environment in the Bohai Sea

2013 年渤海生态环境监测
Distributions of eco-environmental monitoring factors in the Bohai Sea in 2013

1.2.2.2 夏季

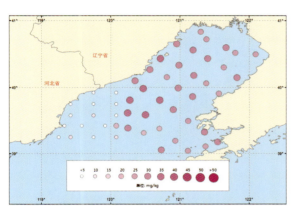

1- 辽东湾

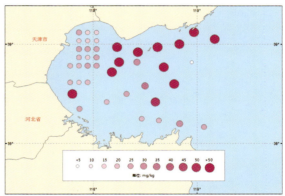

2- 渤海湾

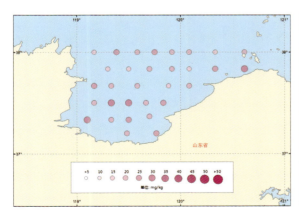

3- 莱州湾

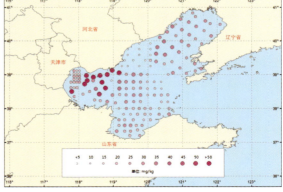

4- 渤海

渤海生态环境监测图集 Altas of eco-environment in the Bohai Sea

1 2013年渤海生态环境监测
Distributions of eco-environmental monitoring factors in the Bohai Sea in 2013

1.2.2.3 秋季

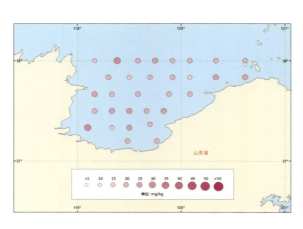

1- 莱州湾

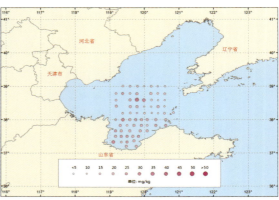

2- 渤海

1.2.2.4 冬季

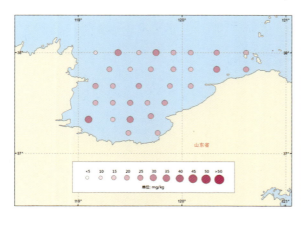

1- 莱州湾

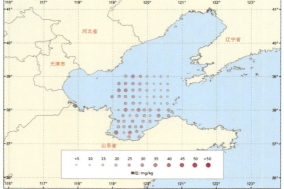

2- 渤海

渤海生态环境监测图集 Altas of eco-environment in the Bohai Sea

2013 年渤海生态环境监测
Distributions of eco-environmental monitoring factors in the Bohai Sea in 2013

1.2.3 铅分布图

1.2.3.1 春季

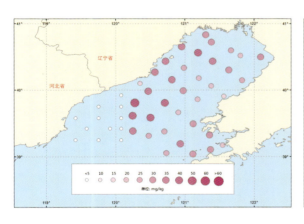

1- 辽东湾

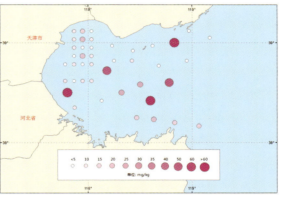

2- 渤海湾

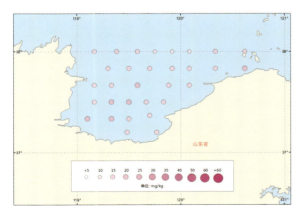

3- 莱州湾

4- 渤海

渤海生态环境监测图集 Altas of eco-environment in the Bohai Sea

2013 年渤海生态环境监测
Distributions of eco-environmental monitoring factors in the Bohai Sea in 2013

1.2.3.2　夏季

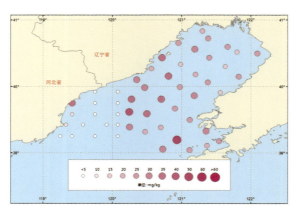

1- 辽东湾

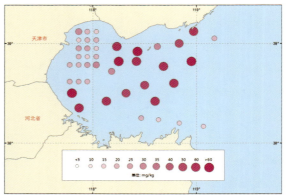

2- 渤海湾

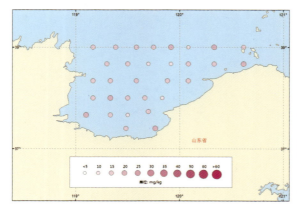

3- 莱州湾

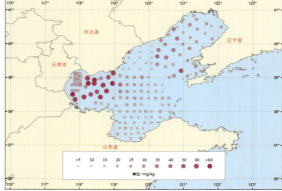

4- 渤海

渤海生态环境监测图集 Altas of eco-environment in the Bohai Sea

2013 年渤海生态环境监测
Distributions of eco-environmental monitoring factors in the Bohai Sea in 2013

1.2.3.3 秋季

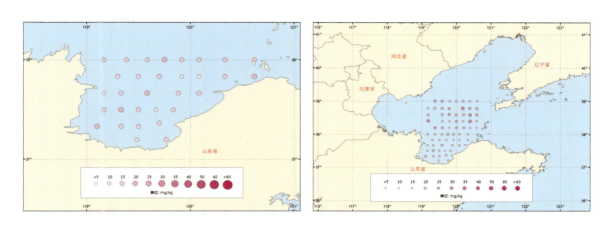

1- 莱州湾　　　　　　　　　　　2- 渤海

1.2.3.4 秋季

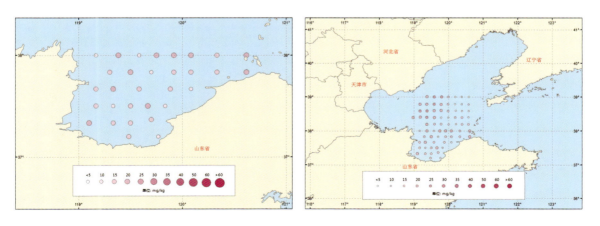

1- 莱州湾　　　　　　　　　　　2- 渤海

2013年渤海生态环境监测
Distributions of eco-environmental monitoring factors in the Bohai Sea in 2013

1.2.4 锌分布图

1.2.4.1 春季

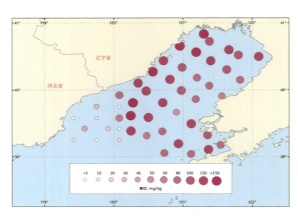

1- 辽东湾

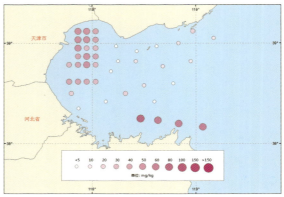

2- 渤海湾

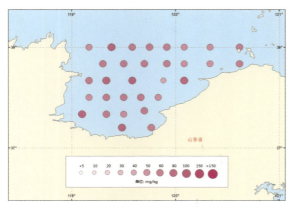

3- 莱州湾

4- 渤海

渤海生态环境监测图集 Atlas of eco-environment in the Bohai Sea

2013年渤海生态环境监测
Distributions of eco-environmental monitoring factors in the Bohai Sea in 2013

1.2.4.2 夏季

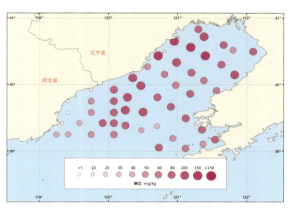

1- 辽东湾

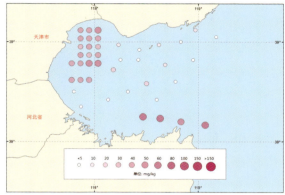

2- 渤海湾

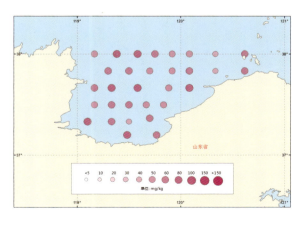

3- 莱州湾

4- 渤海

渤海生态环境监测图集 Altas of eco-environment in the Bohai Sea

2013 年渤海生态环境监测
Distributions of eco-environmental monitoring factors in the Bohai Sea in 2013

1.2.4.3 秋季

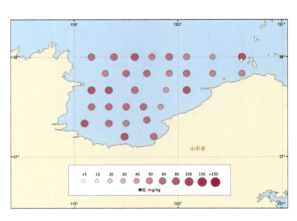

1- 莱州湾

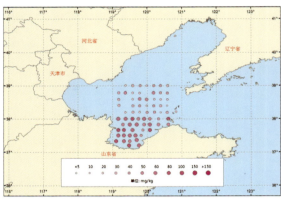

2- 渤海

1.2.4.4 冬季

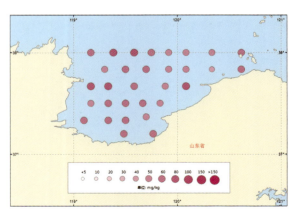

1- 莱州湾

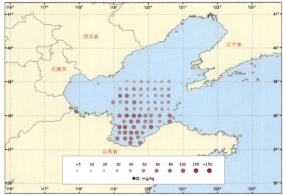

2- 渤海

渤海生态环境监测图集 Altas of eco-environment in the Bohai Sea

2013年渤海生态环境监测
Distributions of eco-environmental monitoring factors in the Bohai Sea in 2013

1.2.5 镉分布图

1.2.5.1 春季

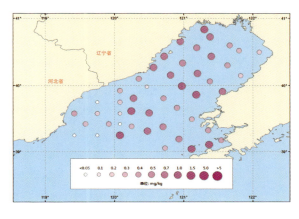

1- 辽东湾

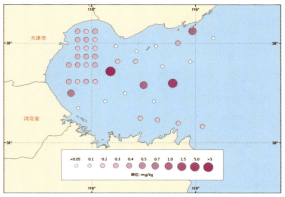

2- 渤海湾

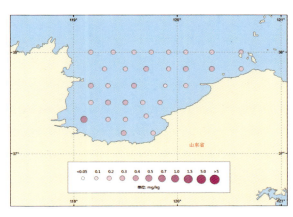

3- 莱州湾

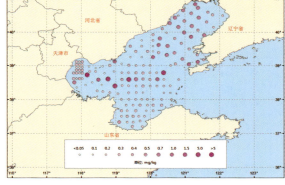

4- 渤海

渤海生态环境监测图集 Altas of eco-environment in the Bohai Sea

2013 年渤海生态环境监测
Distributions of eco-environmental monitoring factors in the Bohai Sea in 2013

1.2.5.2 夏季

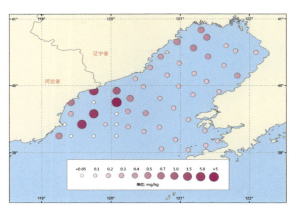

1- 辽东湾

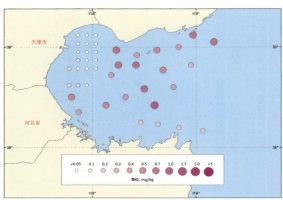

2- 渤海湾

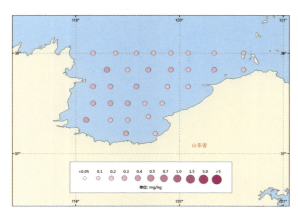

3- 莱州湾

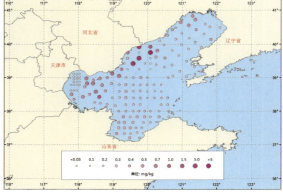

4- 渤海

渤海生态环境监测图集 Atlas of eco-environment in the Bohai Sea

2013 年渤海生态环境监测
Distributions of eco-environmental monitoring factors in the Bohai Sea in 2013

1.2.5.3 秋季

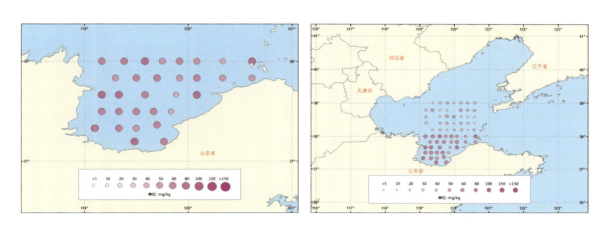

1- 莱州湾　　　　　　　　　　　　2- 渤海

1.2.5.4 冬季

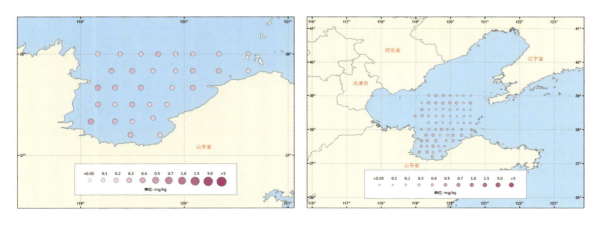

1- 莱州湾　　　　　　　　　　　　2- 渤海

渤海生态环境监测图集 Altas of eco-environment in the Bohai Sea

2013 年渤海生态环境监测
Distributions of eco-environmental monitoring factors in the Bohai Sea in 2013

1.2.6 汞分布图

1.2.6.1 春季

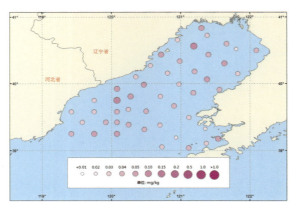

1- 辽东湾

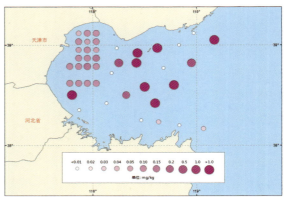

2- 渤海湾

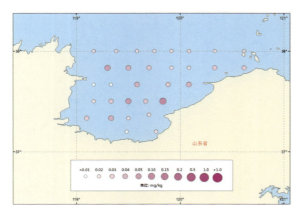

3- 莱州湾

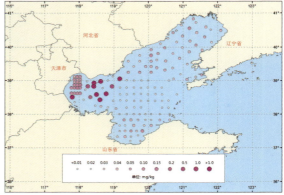

4- 渤海

渤海生态环境监测图集 Atlas of eco-environment in the Bohai Sea

2013 年渤海生态环境监测
Distributions of eco-environmental monitoring factors in the Bohai Sea in 2013

1.2.6.2 夏季

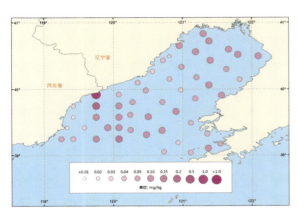

1- 辽东湾

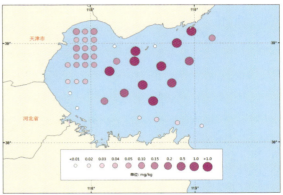

2- 渤海湾

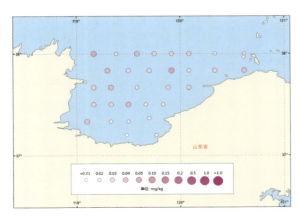

3- 莱州湾

4- 渤海

2013 年渤海生态环境监测
Distributions of eco-environmental monitoring factors in the Bohai Sea in 2013

1.2.6.3 秋季

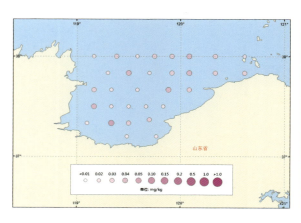

1- 莱州湾

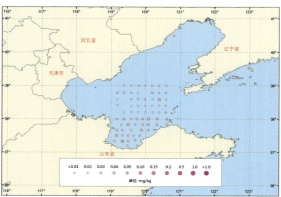

2- 渤海

1.2.6.4 冬季

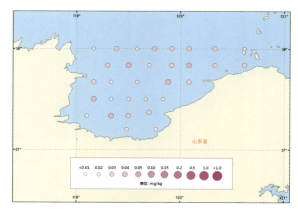

1- 莱州湾

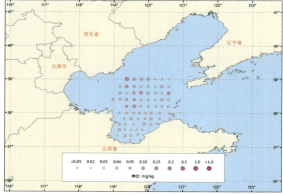

2- 渤海

渤海生态环境监测图集 Altas of eco-environment in the Bohai Sea

2013 年渤海生态环境监测
Distributions of eco-environmental monitoring factors in the Bohai Sea in 2013

1.2.7 砷分布图

1.2.7.1 春季

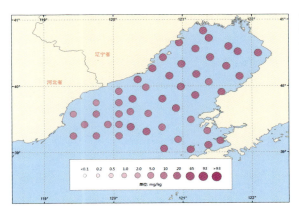

1- 辽东湾

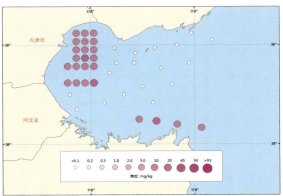

2- 渤海湾

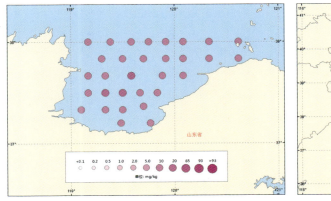

3- 莱州湾

4- 渤海

- 155 -

2013年渤海生态环境监测

Distributions of eco-environmental monitoring factors in the Bohai Sea in 2013

1.2.7.2 夏季

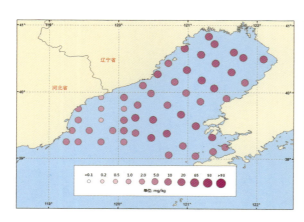

1- 辽东湾

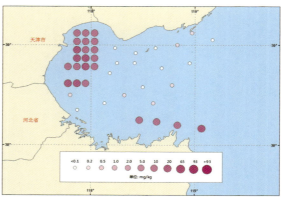

2- 渤海湾

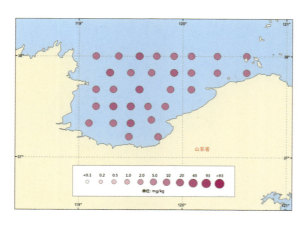

3- 莱州湾

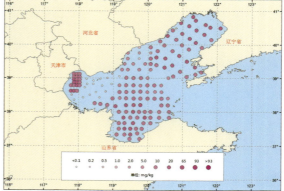

4- 渤海

渤海生态环境监测图集 Atlas of eco-environment in the Bohai Sea

2013 年渤海生态环境监测
Distributions of eco-environmental monitoring factors in the Bohai Sea in 2013

1.2.7.3 秋季

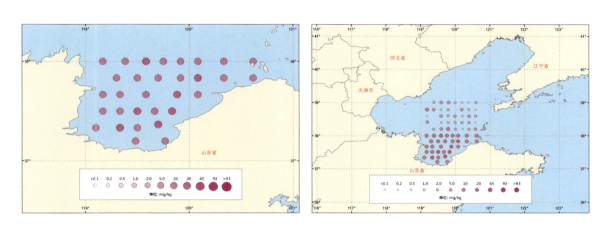

1- 莱州湾　　　　　　　　　　　　　2- 渤海

1.2.7.4 冬季

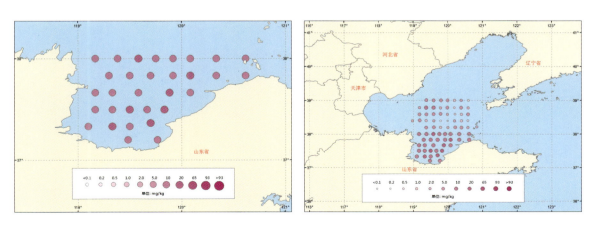

1- 莱州湾　　　　　　　　　　　　　2- 渤海

渤海生态环境监测图集 Altas of eco-environment in the Bohai Sea

2013 年渤海生态环境监测
Distributions of eco-environmental monitoring factors in the Bohai Sea in 2013

1.3 生物环境

1.3.1 叶绿素分布图

1.3.1.1 春季

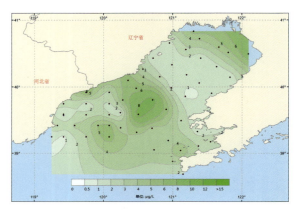

1- 辽东湾（表层）

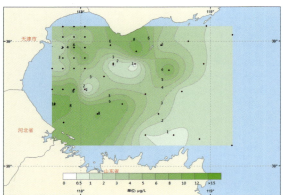

2- 渤海湾（表层）

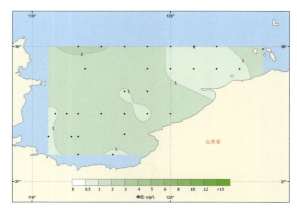

3- 莱州湾（表层）

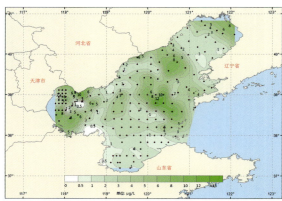

4- 渤海（表层）

渤海生态环境监测图集 Altas of eco-environment in the Bohai Sea

2013 年渤海生态环境监测
Distributions of eco-environmental monitoring factors in the Bohai Sea in 2013

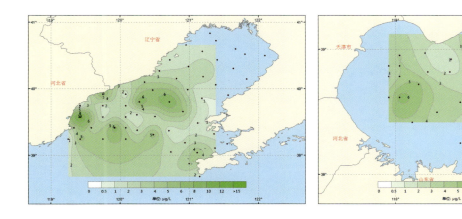

1- 辽东湾（底层）　　　　　　　　　　2- 渤海湾（底层）

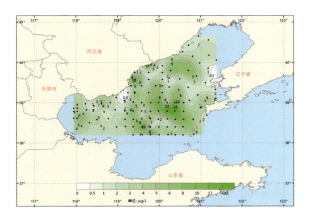

3- 渤海（底层）

2013年渤海生态环境监测
Distributions of eco-environmental monitoring factors in the Bohai Sea in 2013

1.3.1.2 夏季

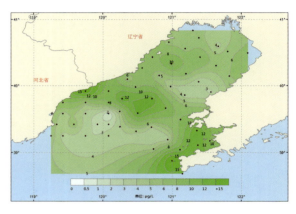

1- 辽东湾（表层）

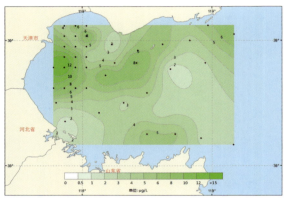

2- 渤海湾（表层）

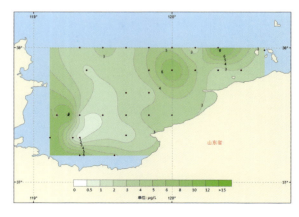

3- 莱州湾（表层）

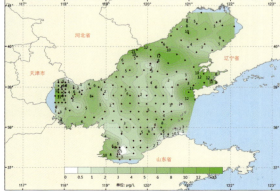

4- 渤海（表层）

渤海生态环境监测图集 Altas of eco-environment in the Bohai Sea

2013 年渤海生态环境监测
Distributions of eco-environmental monitoring factors in the Bohai Sea in 2013

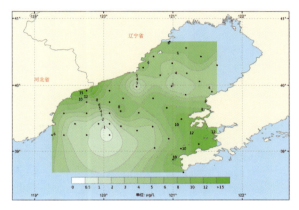

1- 辽东湾（底层）

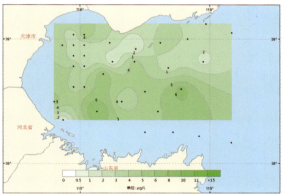

2- 渤海湾（底层）

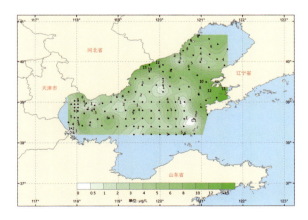

3- 渤海（底层）

渤海生态环境监测图集 Altas of eco-environment in the Bohai Sea

2013年渤海生态环境监测
Distributions of eco-environmental monitoring factors in the Bohai Sea in 2013

1.3.1.3　秋季

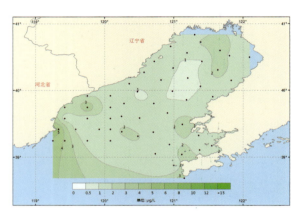

1- 辽东湾（表层）

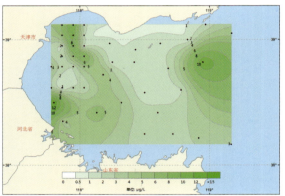

2- 渤海湾（表层）

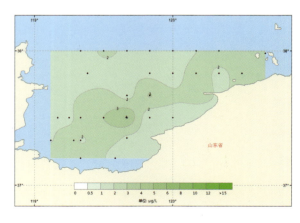

3- 莱州湾（表层）

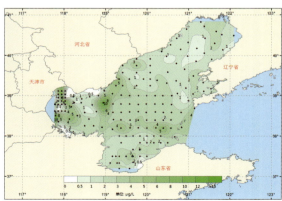

4- 渤海（表层）

渤海生态环境监测图集 Altas of eco-environment in the Bohai Sea

2013 年渤海生态环境监测
Distributions of eco-environmental monitoring factors in the Bohai Sea in 2013

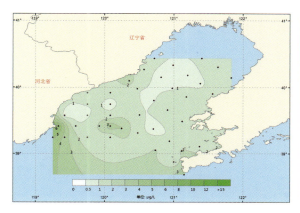

1- 辽东湾（底层）

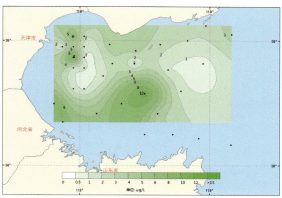

2- 渤海湾（底层）

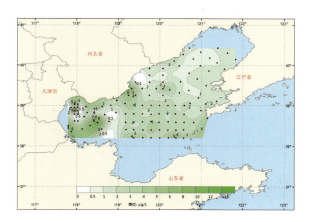

3- 渤海（底层）

渤海生态环境监测图集 Altas of eco-environment in the Bohai Sea

2013年渤海生态环境监测
Distributions of eco-environmental monitoring factors in the Bohai Sea in 2013

1.3.1.4　冬季

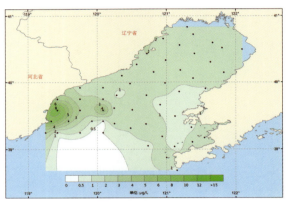

1- 辽东湾（表层）

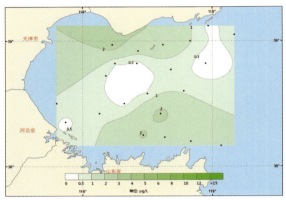

2- 渤海湾（表层）

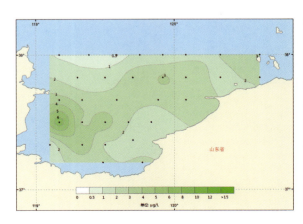

3- 莱州湾（表层）

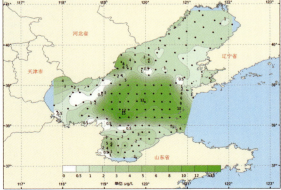

4- 渤海（表层）

渤海生态环境监测图集 Atlas of eco-environment in the Bohai Sea

1

2013 年渤海生态环境监测
Distributions of eco-environmental monitoring factors in the Bohai Sea in 2013

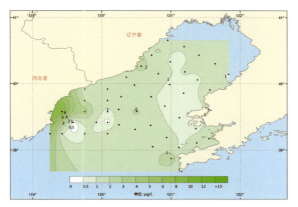

1- 辽东湾（底层）

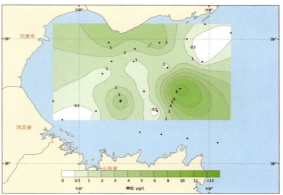

2- 渤海湾（底层）

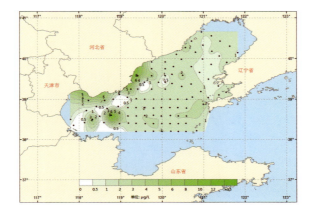

3- 渤海（底层）

渤海生态环境监测图集 Altas of eco-environment in the Bohai Sea

2013 年渤海生态环境监测
Distributions of eco-environmental monitoring factors in the Bohai Sea in 2013

1.3.2 浮游植物分布图

1.3.2.1 春季

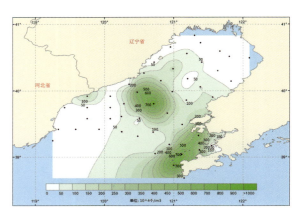

1- 辽东湾 丰度

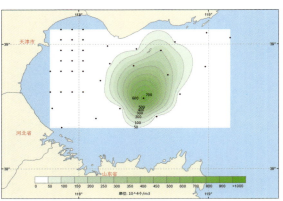

2- 渤海湾 丰度

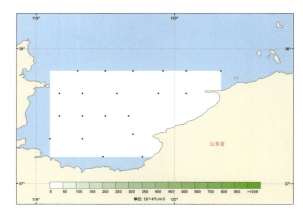

3- 莱州湾 丰度

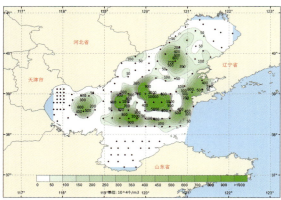

4- 渤海 丰度

渤海生态环境监测图集 Altas of eco-environment in the Bohai Sea

2013 年渤海生态环境监测
Distributions of eco-environmental monitoring factors in the Bohai Sea in 2013

1.3.2.2 夏季

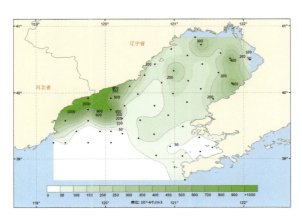

1- 辽东湾 丰度

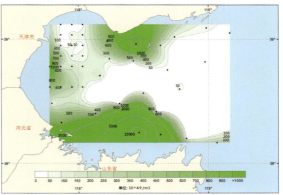

2- 渤海湾 丰度

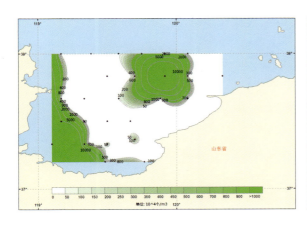

3- 莱州湾 丰度

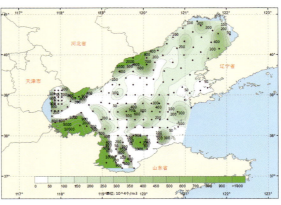

4- 渤海 丰度

渤海生态环境监测图集 Altas of eco-environment in the Bohai Sea

2013年渤海生态环境监测
Distributions of eco-environmental monitoring factors in the Bohai Sea in 2013

1.3.2.3 秋季

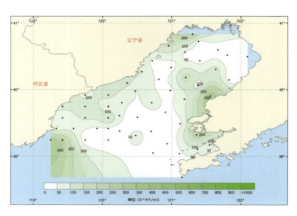

1- 辽东湾 丰度

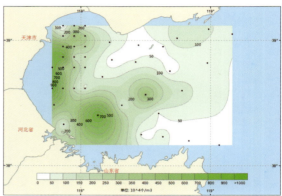

2- 渤海湾 丰度

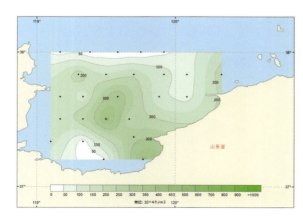

3- 莱州湾 丰度

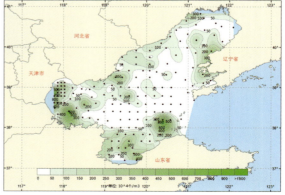

4- 渤海 丰度

2013年渤海生态环境监测
Distributions of eco-environmental monitoring factors in the Bohai Sea in 2013

1.3.2.4 冬季

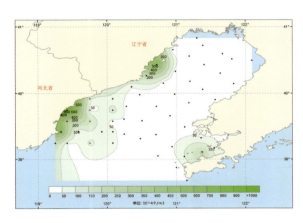

1- 辽东湾 丰度

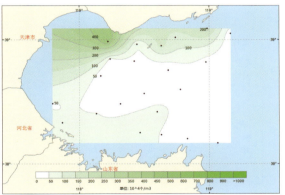

2- 渤海湾 丰度

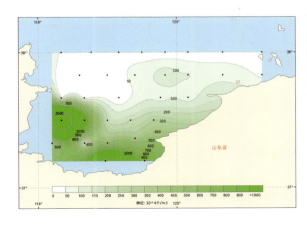

3- 莱州湾 丰度

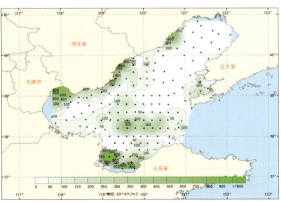

4- 渤海 丰度

2013年渤海生态环境监测
Distributions of eco-environmental monitoring factors in the Bohai Sea in 2013

1.3.3 浮游动物分布图

1.3.3.1 春季

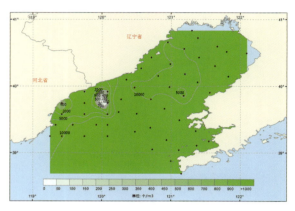

1- 辽东湾 数量

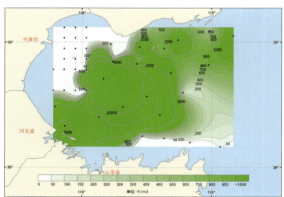

2- 渤海湾 数量

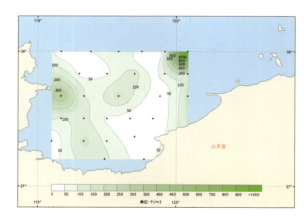

3- 莱州湾 数量

4- 渤海 数量

渤海生态环境监测图集 Altas of eco-environment in the Bohai Sea

2013 年渤海生态环境监测
Distributions of eco-environmental monitoring factors in the Bohai Sea in 2013

1.3.3.2 夏季

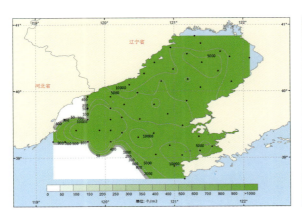

1- 辽东湾 数量

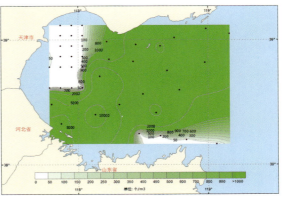

2- 渤海湾 数量

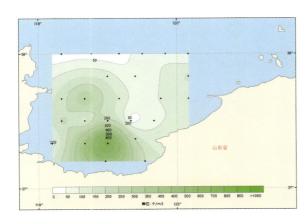

3- 莱州湾 数量

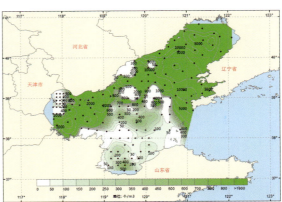

4- 渤海 数量

1.3.3.3 秋季

1- 辽东湾 数量

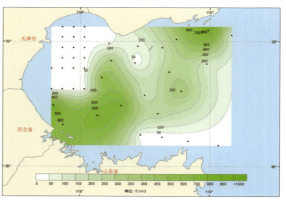

2- 渤海湾 数量

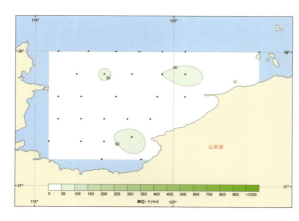

3- 莱州湾 数量

4- 渤海 数量

1.3.3.4 冬季

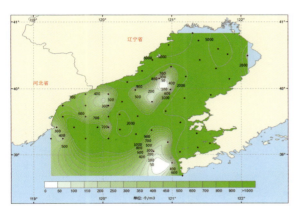

1- 辽东湾 数量

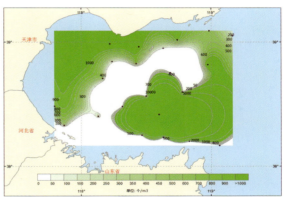

2- 渤海湾 数量

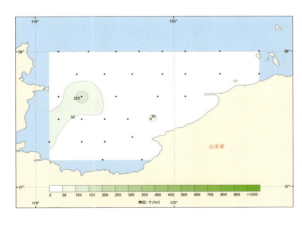

3- 莱州湾 数量

4- 渤海 数量

渤海生态环境监测图集 Altas of eco-environment in the Bohai Sea

2014 年渤海生态环境监测
Distributions of eco-environmental monitoring factors in the Bohai Sea in 2014

2.1 海水环境

2.1.1 温度分布图

2.1.1.1 春季

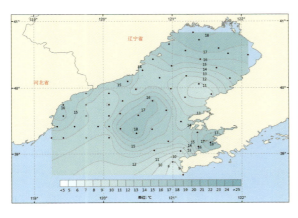

1- 辽东湾（表层）

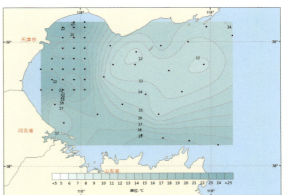

2- 渤海湾（表层）

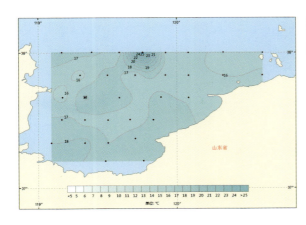

3- 莱州湾（表层）

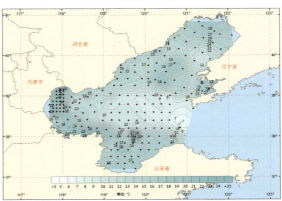

4- 渤海（表层）

渤海生态环境监测 Atlas of eco-environment in the Bohai Sea

2014 年渤海生态环境监测
Distributions of eco-environmental monitoring factors in the Bohai Sea in 2014

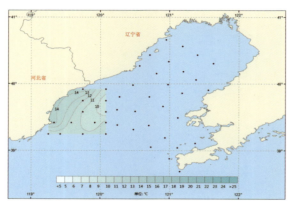

1- 辽东湾（底层）　　　　　　　2- 渤海湾（底层）

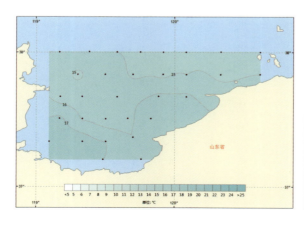
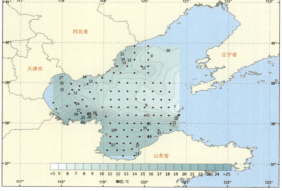

3- 莱州湾（底层）　　　　　　　4- 渤海（底层）

渤海生态环境监测图集 Atlas of eco-environment in the Bohai Sea

2014 年渤海生态环境监测
Distributions of eco-environmental monitoring factors in the Bohai Sea in 2014

2.1.1.2 夏季

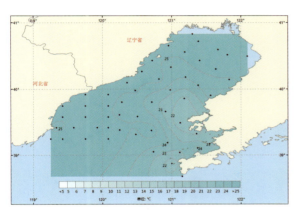

1- 辽东湾（表层）

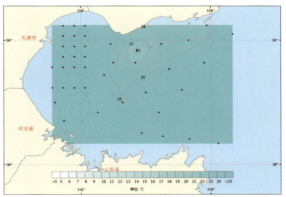

2- 渤海湾（表层）

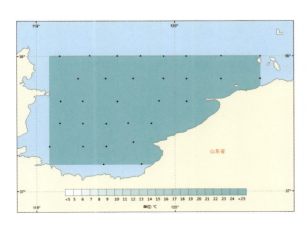

3- 莱州湾（表层）

4- 渤海（表层）

渤海生态环境监测图集 Altas of eco-environment in the Bohai Sea

2014 年渤海生态环境监测
Distributions of eco-environmental monitoring factors in the Bohai Sea in 2014

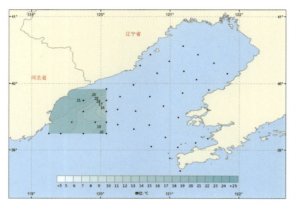

1- 辽东湾（底层）

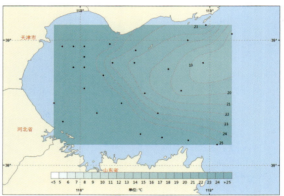

2- 渤海湾（底层）

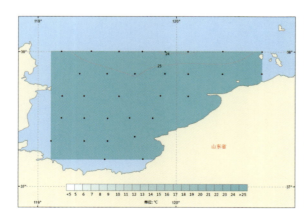

3- 莱州湾（底层）

4- 渤海（底层）

渤海生态环境监测图集 Altas of eco-environment in the Bohai Sea

2014 年渤海生态环境监测
Distributions of eco-environmental monitoring factors in the Bohai Sea in 2014

2.1.1.3 秋季

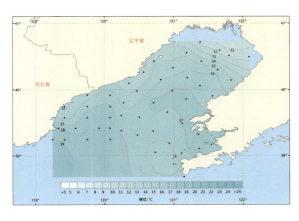

1- 辽东湾（表层）

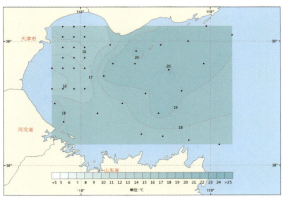

2- 渤海湾（表层）

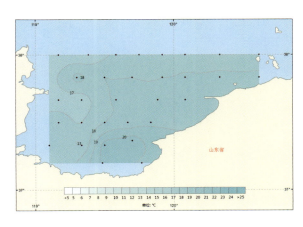

3- 莱州湾（表层）

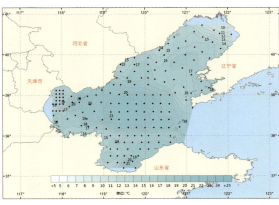

4- 渤海（表层）

渤海生态环境监测图集 Altas of eco-environment in the Bohai Sea

2014 年渤海生态环境监测
Distributions of eco-environmental monitoring factors in the Bohai Sea in 2014

1- 辽东湾（底层）

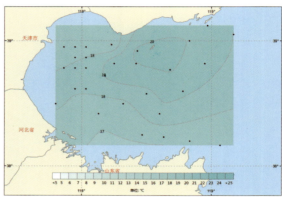

2- 渤海湾（底层）

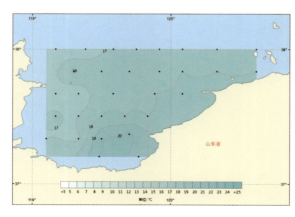

3- 莱州湾（底层）

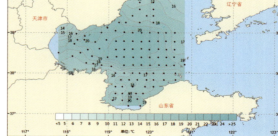

4- 渤海（底层）

渤海生态环境监测图集 Atlas of eco-environment in the Bohai Sea

2 2014年渤海生态环境监测
Distributions of eco-environmental monitoring factors in the Bohai Sea in 2014

2.1.1.4 冬季

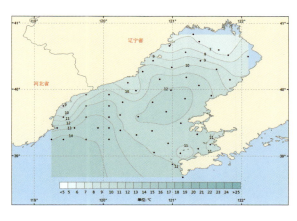

1- 辽东湾（表层）

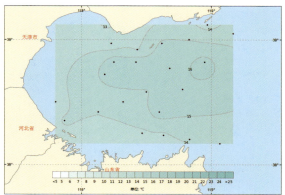

2- 渤海湾（表层）

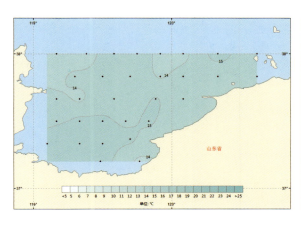

3- 莱州湾（表层）

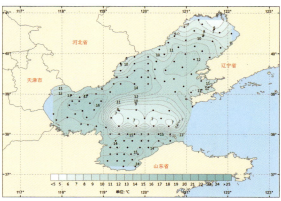

4- 渤海（表层）

渤海生态环境监测图集 Altas of eco-environment in the Bohai Sea

2014 年渤海生态环境监测
Distributions of eco-environmental monitoring factors in the Bohai Sea in 2014

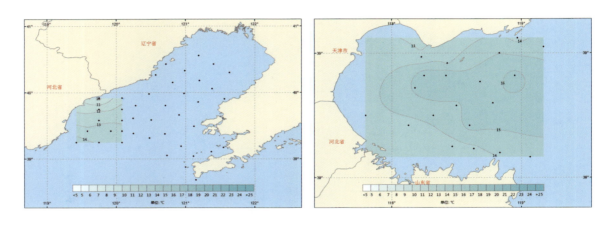

1- 辽东湾（底层）　　　　　　　　　　2- 渤海湾（底层）

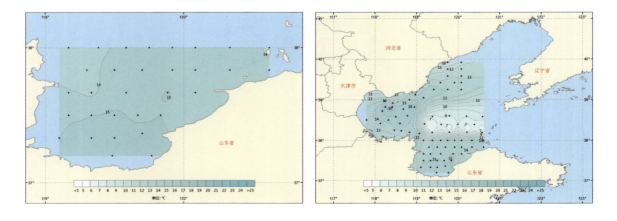

3- 莱州湾（底层）　　　　　　　　　　4- 渤海（底层）

渤海生态环境监测图集 Atlas of eco-environment in the Bohai Sea

2 2014 年渤海生态环境监测
Distributions of eco-environmental monitoring factors in the Bohai Sea in 2014

2.1.2　盐度分布图

2.1.2.1　春季

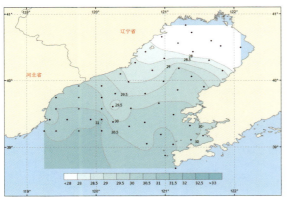

1- 辽东湾（表层）

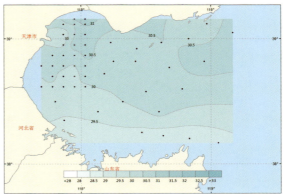

2- 渤海湾（表层）

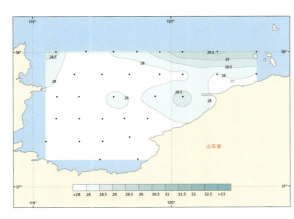

3- 莱州湾（表层）

4- 渤海（表层）

渤海生态环境监测图集 Altas of eco-environment in the Bohai Sea

2014 年渤海生态环境监测
Distributions of eco-environmental monitoring factors in the Bohai Sea in 2014

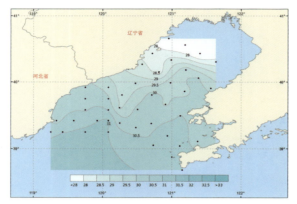

1- 辽东湾（底层）

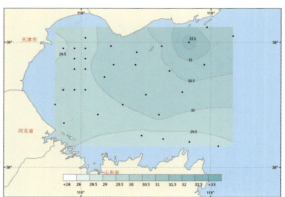

2- 渤海湾（底层）

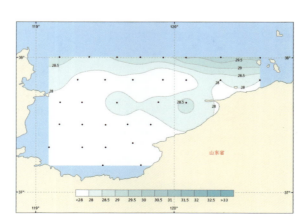

3- 莱州湾（底层）

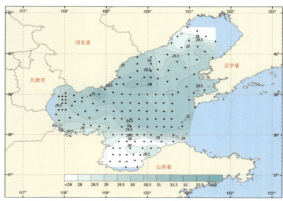

4- 渤海（底层）

2 2014年渤海生态环境监测
Distributions of eco-environmental monitoring factors in the Bohai Sea in 2014

2.1.2.2 夏季

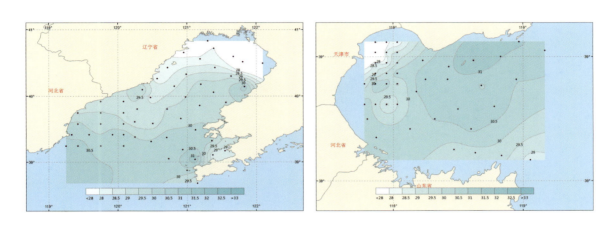

1- 辽东湾（表层）   2- 渤海湾（表层）

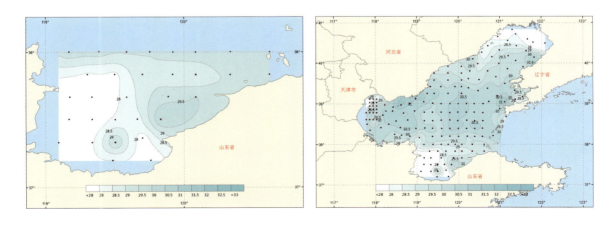

3- 莱州湾（表层）   4- 渤海（表层）

渤海生态环境监测图集 Altas of eco-environment in the Bohai Sea

2014 年渤海生态环境监测
Distributions of eco-environmental monitoring factors in the Bohai Sea in 2014

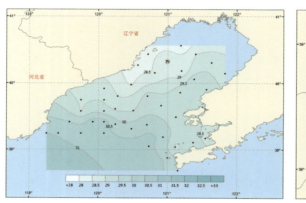

1- 辽东湾（底层）

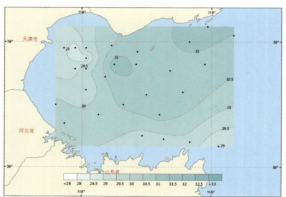

2- 渤海湾（底层）

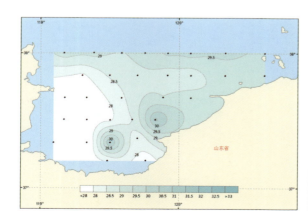

3- 莱州湾（底层）

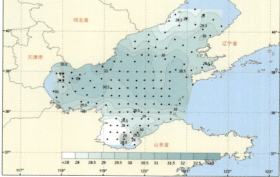

4- 渤海（底层）

渤海生态环境监测图集 Altas of eco-environment in the Bohai Sea

2014 年渤海生态环境监测
Distributions of eco-environmental monitoring factors in the Bohai Sea in 2014

2.1.2.3　秋季

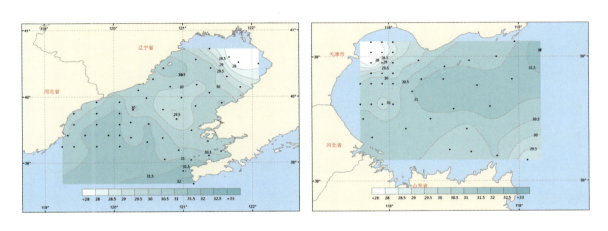

1- 辽东湾（表层）　　　　　　　　2- 渤海湾（表层）

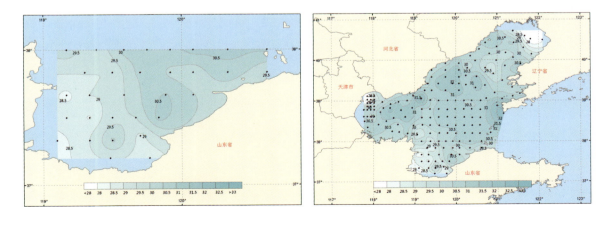

3- 莱州湾（表层）　　　　　　　　4- 渤海（表层）

渤海生态环境监测图集 Atlas of eco-environment in the Bohai Sea

2014 年渤海生态环境监测
Distributions of eco-environmental monitoring factors in the Bohai Sea in 2014

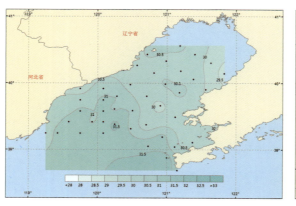

1- 辽东湾（底层）

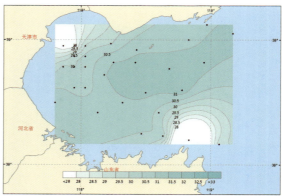

2- 渤海湾（底层）

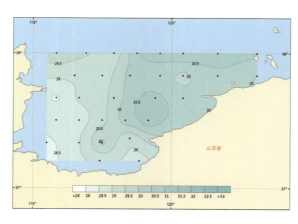

3- 莱州湾（底层）

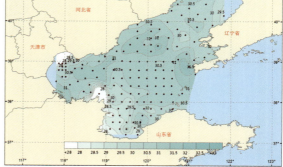

4- 渤海（底层）

渤海生态环境监测图集 Altas of eco-environment in the Bohai Sea

2 2014 年渤海生态环境监测
Distributions of eco-environmental monitoring factors in the Bohai Sea in 2014

2.1.2.4 冬季

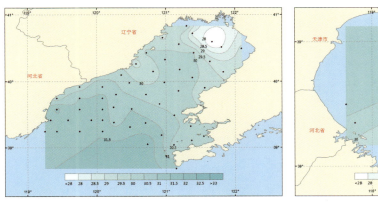

1- 辽东湾（底层）

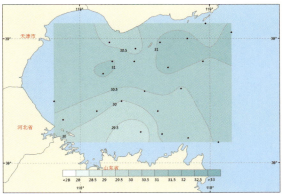

2- 渤海湾（底层）

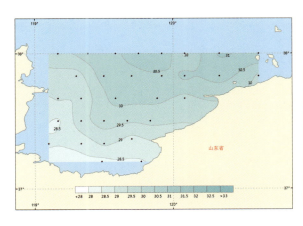

3- 莱州湾（底层）

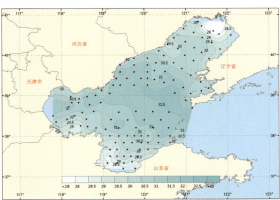

4- 渤海（底层）

2

2014年渤海生态环境监测
Distributions of eco-environmental monitoring factors in the Bohai Sea in 2014

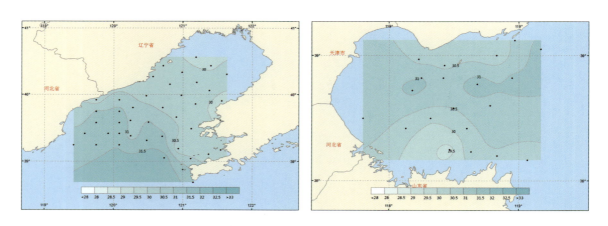

1- 辽东湾（底层）　　　　　　　2- 渤海湾（底层）

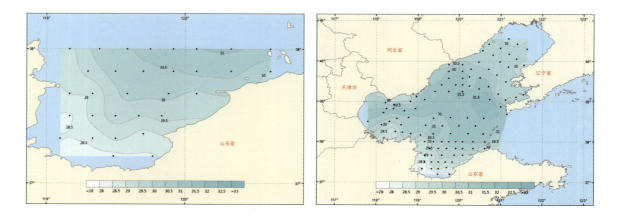

3- 莱州湾（底层）　　　　　　　4- 渤海（底层）

2014年渤海生态环境监测
Distributions of eco-environmental monitoring factors in the Bohai Sea in 2014

2.1.3 pH 分布图

2.1.3.1 春季

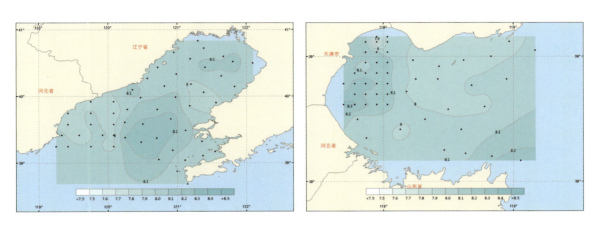

1- 辽东湾（表层）　　　　　　　　　　2- 渤海湾（表层）

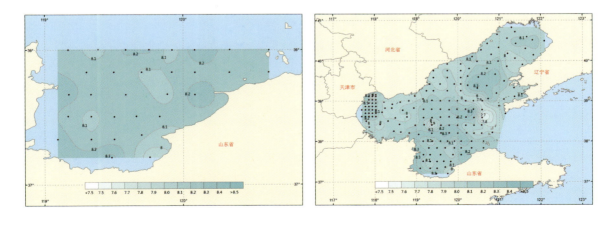

3- 莱州湾（表层）　　　　　　　　　　4- 渤海（表层）

渤海生态环境监测图集 Altas of eco-environment in the Bohai Sea

2014 年渤海生态环境监测
Distributions of eco-environmental monitoring factors in the Bohai Sea in 2014

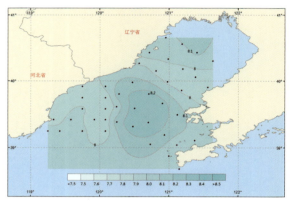

1- 辽东湾（底层）

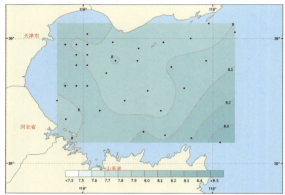

2- 渤海湾（底层）

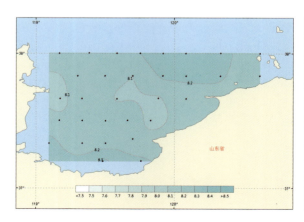

3- 莱州湾（底层）

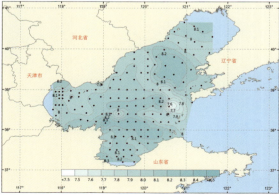

4- 渤海（底层）

渤海生态环境监测图集 Altas of eco-environment in the Bohai Sea

2014 年渤海生态环境监测
Distributions of eco-environmental monitoring factors in the Bohai Sea in 2014

2.1.3.2 夏季

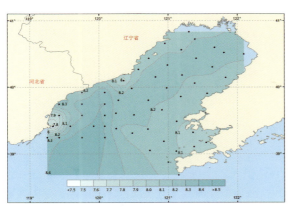

1- 辽东湾（表层）

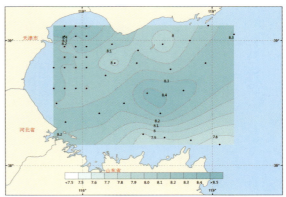

2- 渤海湾（表层）

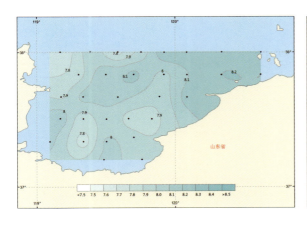

3- 莱州湾（表层）

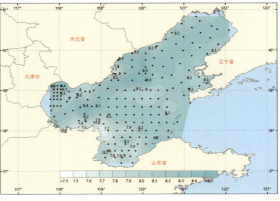

4- 渤海（表层）

渤海生态环境监测图集 Altas of eco-environment in the Bohai Sea

2014 年渤海生态环境监测
Distributions of eco-environmental monitoring factors in the Bohai Sea in 2014

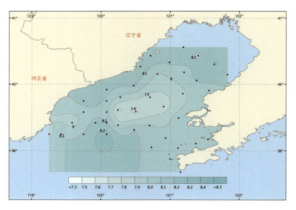

1- 辽东湾（底层）

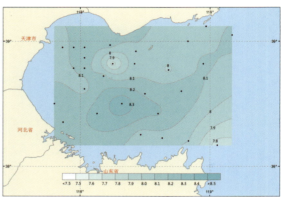

2- 渤海湾（底层）

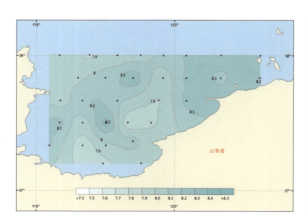

3- 莱州湾（底层）

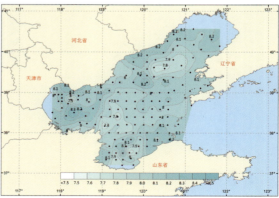

4- 渤海（底层）

渤海生态环境监测图集 Altas of eco-environment in the Bohai Sea

2014年渤海生态环境监测

Distributions of eco-environmental monitoring factors in the Bohai Sea in 2014

2.1.3.3 秋季

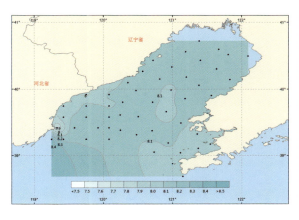

1- 辽东湾（表层）

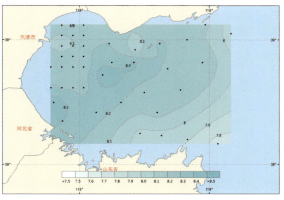

2- 渤海湾（表层）

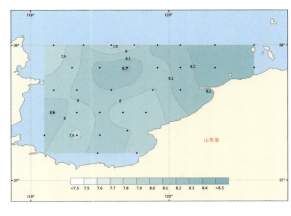

3- 莱州湾（表层）

4- 渤海（表层）

渤海生态环境监测图集 Altas of eco-environment in the Bohai Sea

2014 年渤海生态环境监测
Distributions of eco-environmental monitoring factors in the Bohai Sea in 2014

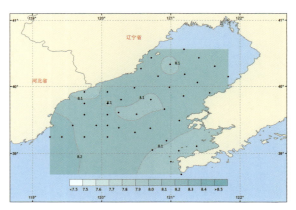

1- 辽东湾（底层）

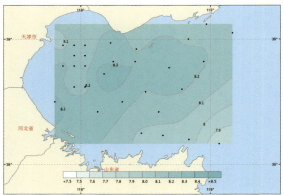

2- 渤海湾（底层）

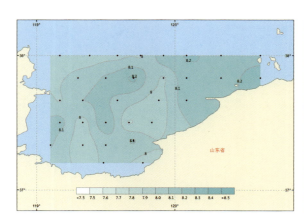

3- 莱州湾（底层）

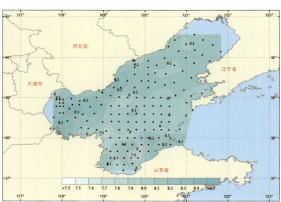

4- 渤海（底层）

2014年渤海生态环境监测
Distributions of eco-environmental monitoring factors in the Bohai Sea in 2014

2.1.3.4 冬季

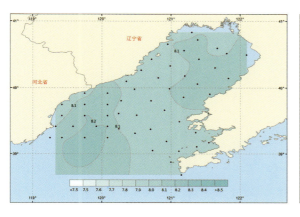

1- 辽东湾（表层）

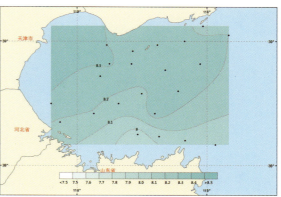

2- 渤海湾（表层）

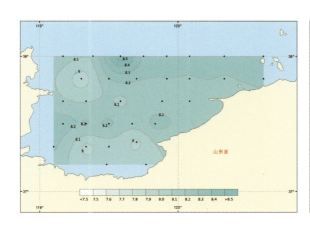

3- 莱州湾（表层）

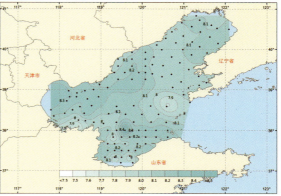

4- 渤海（表层）

渤海生态环境监测图集 Altas of eco-environment in the Bohai Sea

2014 年渤海生态环境监测
Distributions of eco-environmental monitoring factors in the Bohai Sea in 2014

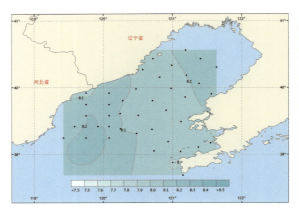

1- 辽东湾（底层）

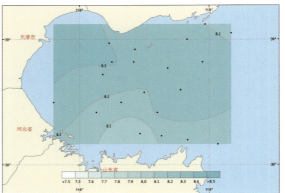

2- 渤海湾（底层）

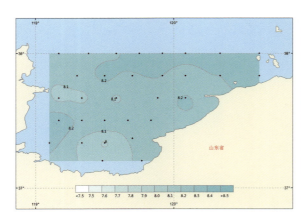

3- 莱州湾（底层）

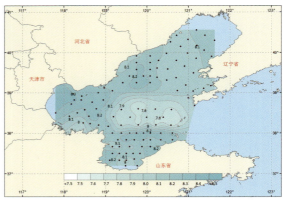

4- 渤海（底层）

渤海生态环境监测图集 Altas of eco-environment in the Bohai Sea

2014 年渤海生态环境监测
Distributions of eco-environmental monitoring factors in the Bohai Sea in 2014

2.1.4 溶解氧分布图

2.1.4.1 春季

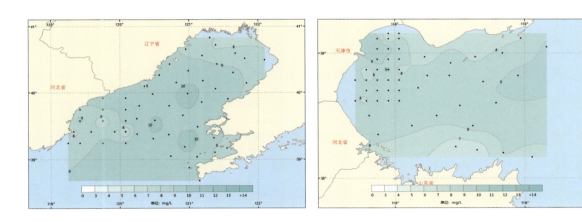

1- 辽东湾（表层） 　　　　　　　　　2- 渤海湾（表层）

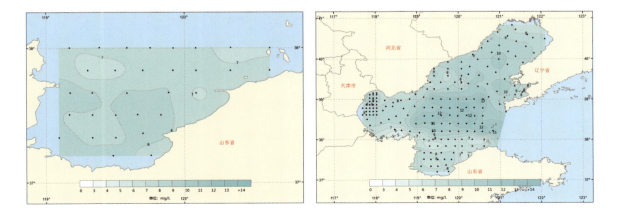

3- 莱州湾（表层） 　　　　　　　　　4- 渤海（表层）

渤海生态环境监测图集 Altas of eco-environment in the Bohai Sea

2014 年渤海生态环境监测
Distributions of eco-environmental monitoring factors in the Bohai Sea in 2014

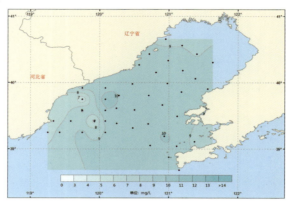

1- 辽东湾（底层）

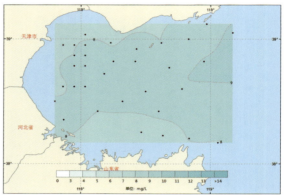

2- 渤海湾（底层）

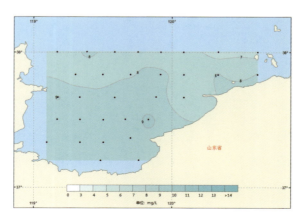

3- 莱州湾（底层）

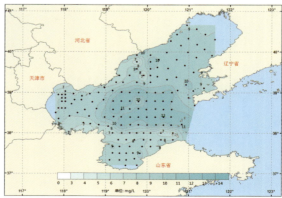

4- 渤海（底层）

渤海生态环境监测图集 Altas of eco-environment in the Bohai Sea

2014 年渤海生态环境监测
Distributions of eco-environmental monitoring factors in the Bohai Sea in 2014

2.1.4.2 夏季

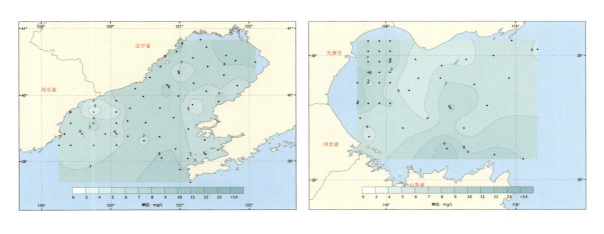

1- 辽东湾（表层）　　　　　　　　　2- 渤海湾（表层）

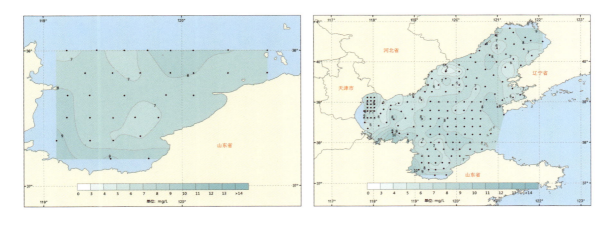

3- 莱州湾（表层）　　　　　　　　　4- 渤海（表层）

2 2014年渤海生态环境监测
Distributions of eco-environmental monitoring factors in the Bohai Sea in 2014

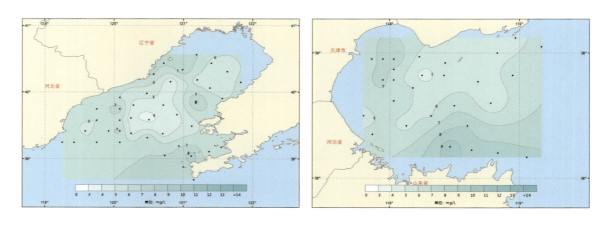

1- 辽东湾（底层）　　　　　　　　2- 渤海湾（底层）

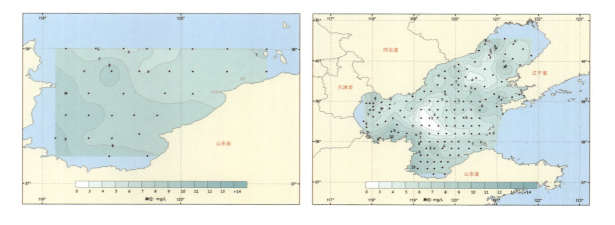

3- 莱州湾（底层）　　　　　　　　4- 渤海（底层）

2014年渤海生态环境监测
Distributions of eco-environmental monitoring factors in the Bohai Sea in 2014

2.1.4.3 秋季

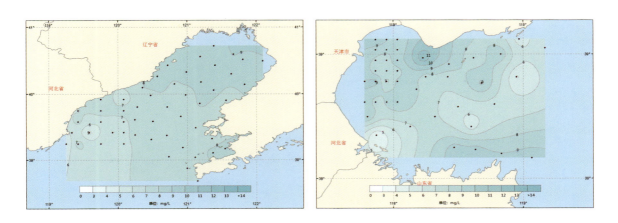

1- 辽东湾（表层）　　　　　　　2- 渤海湾（表层）

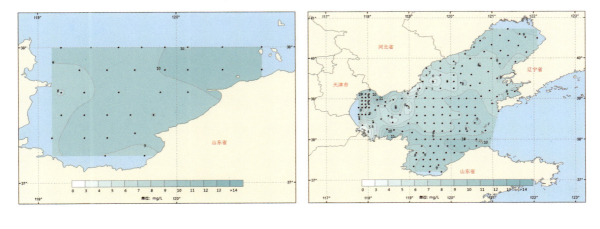

3- 莱州湾（表层）　　　　　　　4- 渤海（表层）

渤海生态环境监测图集 Altas of eco-environment in the Bohai Sea

2014 年渤海生态环境监测
Distributions of eco-environmental monitoring factors in the Bohai Sea in 2014

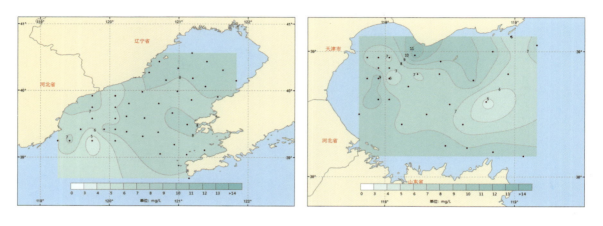

1- 辽东湾（底层）　　　　　　2- 渤海湾（底层）

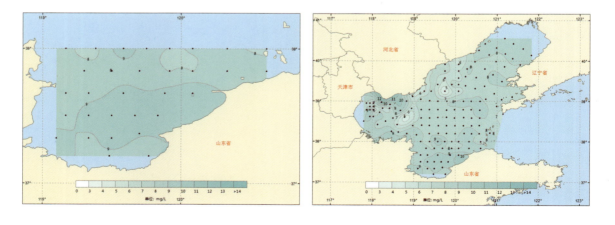

3- 莱州湾（底层）　　　　　　4- 渤海（底层）

2014年渤海生态环境监测
Distributions of eco-environmental monitoring factors in the Bohai Sea in 2014

2.1.4.4　冬季

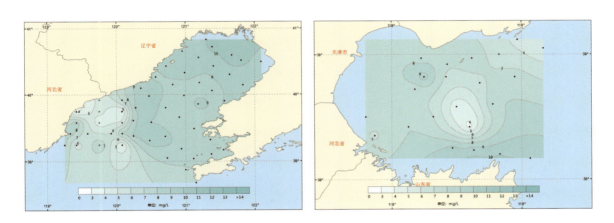

1- 辽东湾（表层）　　　　　　　　　　2- 渤海湾（表层）

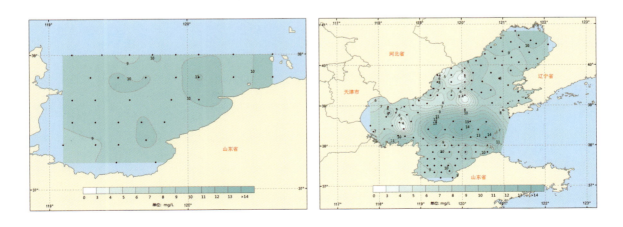

3- 莱州湾（表层）　　　　　　　　　　4- 渤海（表层）

渤海生态环境监测图集 Altas of eco-environment in the Bohai Sea

2014 年渤海生态环境监测
Distributions of eco-environmental monitoring factors in the Bohai Sea in 2014

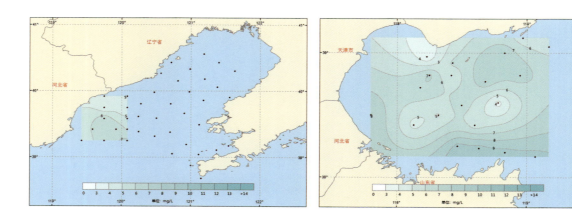

1- 辽东湾（底层）　　　　　　　　　2- 渤海湾（底层）

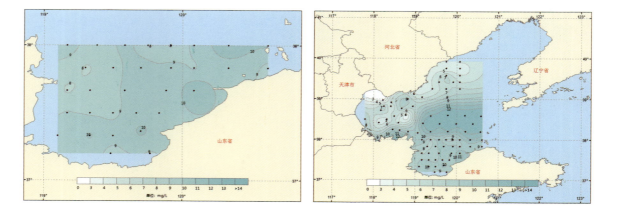

3- 莱州湾（底层）　　　　　　　　　4- 渤海（底层）

2014年渤海生态环境监测
Distributions of eco-environmental monitoring factors in the Bohai Sea in 2014

2.1.5 化学需氧量（COD）分布图

2.1.5.1 春季

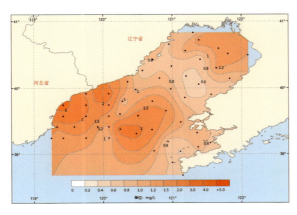

1- 辽东湾（表层）

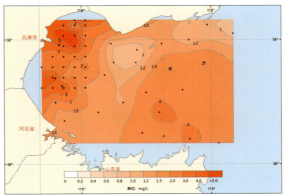

2- 渤海湾（表层）

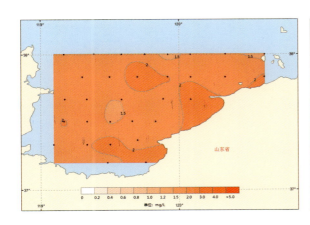

3- 莱州湾（表层）

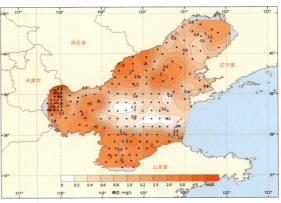

4- 渤海（表层）

渤海生态环境监测图集 Altas of eco-environment in the Bohai Sea

2014 年渤海生态环境监测
Distributions of eco-environmental monitoring factors in the Bohai Sea in 2014

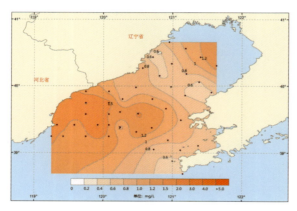

1- 辽东湾（底层）

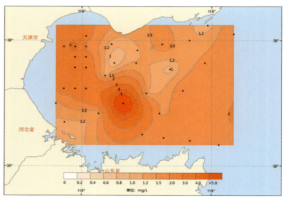

2- 渤海湾（底层）

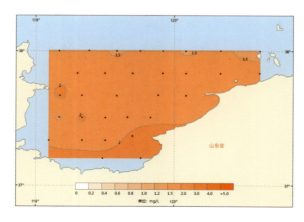

3- 莱州湾（底层）

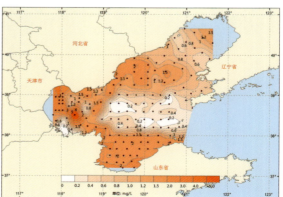

4- 渤海（底层）

渤海生态环境监测图集 Altas of eco-environment in the Bohai Sea

2014 年渤海生态环境监测
Distributions of eco-environmental monitoring factors in the Bohai Sea in 2014

2.1.5.2 夏季

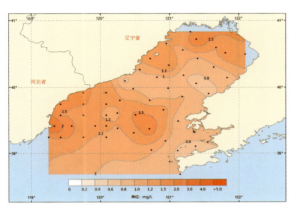

1- 辽东湾（表层）

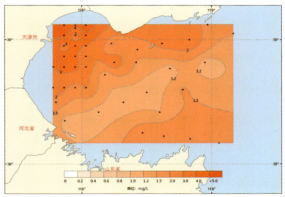

2- 渤海湾（表层）

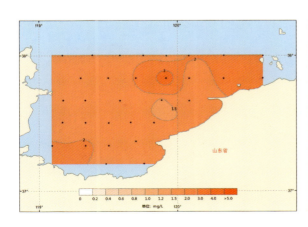

3- 莱州湾（表层）

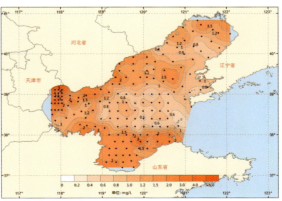

4- 渤海（表层）

渤海生态环境监测图集 Altas of eco-environment in the Bohai Sea

2014 年渤海生态环境监测
Distributions of eco-environmental monitoring factors in the Bohai Sea in 2014

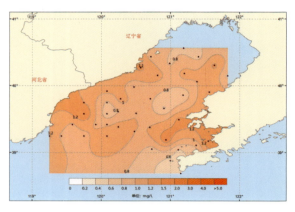

1- 辽东湾（底层）

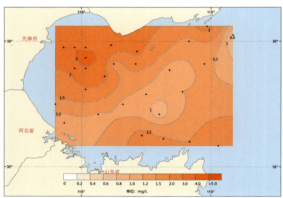

2- 渤海湾（底层）

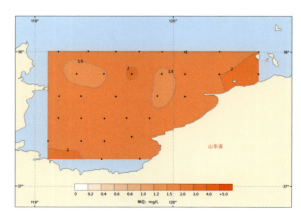

3- 莱州湾（底层）

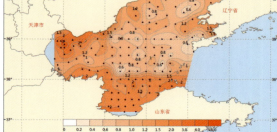

4- 渤海（底层）

渤海生态环境监测图集 Altas of eco-environment in the Bohai Sea

2014 年渤海生态环境监测
Distributions of eco-environmental monitoring factors in the Bohai Sea in 2014

2.1.5.3 秋季

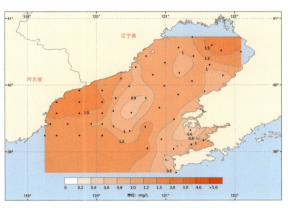

1- 辽东湾（表层）

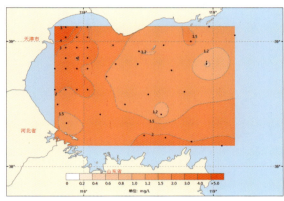

2- 渤海湾（表层）

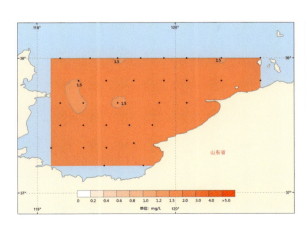

3- 莱州湾（表层）

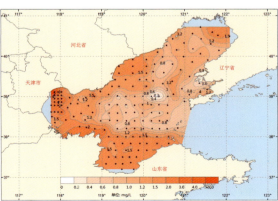

4- 渤海（表层）

渤海生态环境监测图集 Altas of eco-environment in the Bohai Sea

2014 年渤海生态环境监测
Distributions of eco-environmental monitoring factors in the Bohai Sea in 2014

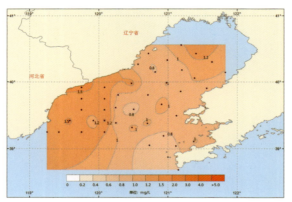

1- 辽东湾（底层）

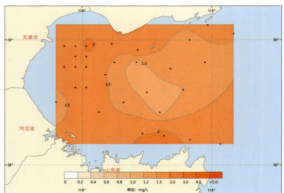

2- 渤海湾（底层）

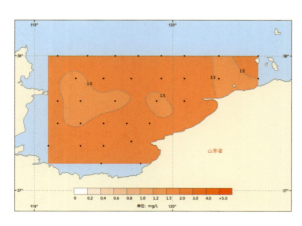

3- 莱州湾（底层）

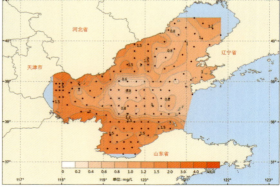

4- 渤海（底层）

渤海生态环境监测图集 Altas of eco-environment in the Bohai Sea

2

2014 年渤海生态环境监测
Distributions of eco-environmental monitoring factors in the Bohai Sea in 2014

2.1.5.4 冬季

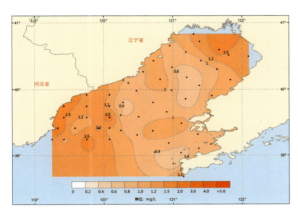

1- 辽东湾（表层）

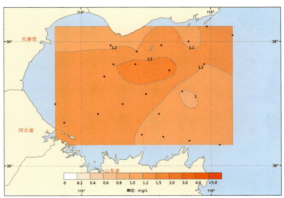

2- 渤海湾（表层）

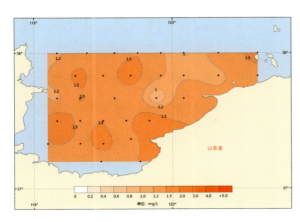

3- 莱州湾（表层）

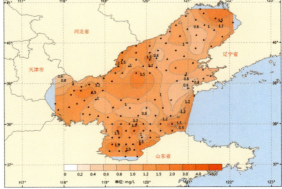

4- 渤海（表层）

渤海生态环境监测图集 Altas of eco-environment in the Bohai Sea

2014 年渤海生态环境监测
Distributions of eco-environmental monitoring factors in the Bohai Sea in 2014

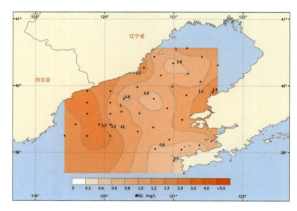

1- 辽东湾（底层）

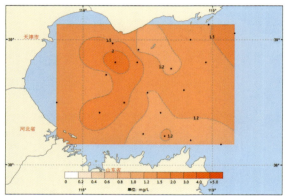

2- 渤海湾（底层）

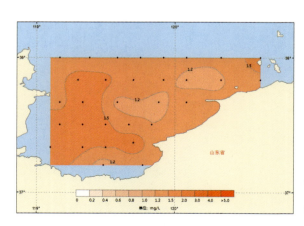

3- 莱州湾（底层）

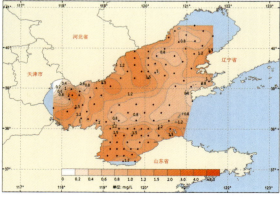

4- 渤海（底层）

渤海生态环境监测图集 Altas of eco-environment in the Bohai Sea

2014 年渤海生态环境监测
Distributions of eco-environmental monitoring factors in the Bohai Sea in 2014

2.1.6 氨氮分布图

2.1.6.1 春季

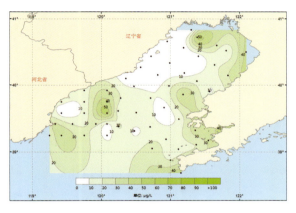

1- 辽东湾（表层）

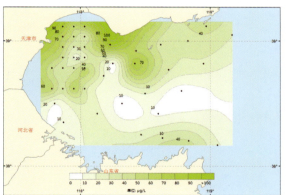

2- 渤海湾（表层）

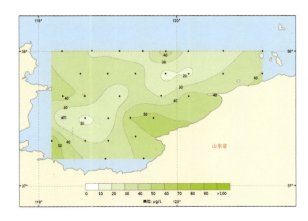

3- 莱州湾（表层）

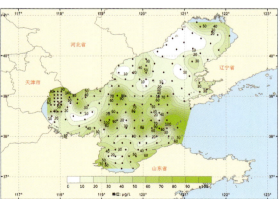

4- 渤海（表层）

- 215 -

渤海生态环境监测图集 Altas of eco-environment in the Bohai Sea

2014 年渤海生态环境监测
Distributions of eco-environmental monitoring factors in the Bohai Sea in 2014

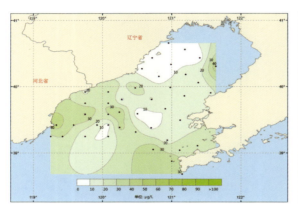

1- 辽东湾（底层）

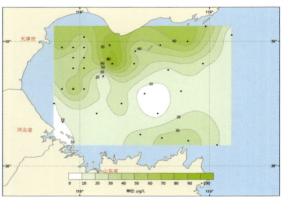

2- 渤海湾（底层）

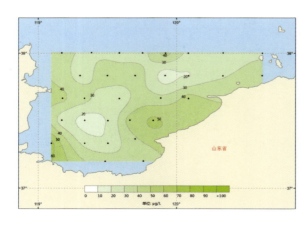

3- 莱州湾（底层）

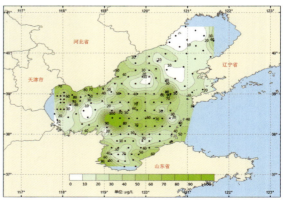

4- 渤海（底层）

2 2014年渤海生态环境监测
Distributions of eco-environmental monitoring factors in the Bohai Sea in 2014

2.1.6.2 夏季

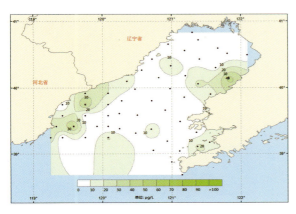

1- 辽东湾（表层）

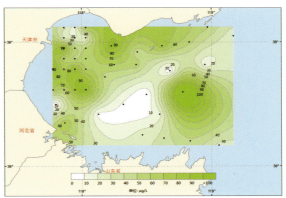

2- 渤海湾（表层）

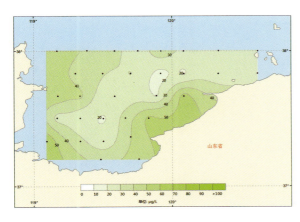

3- 莱州湾（表层）

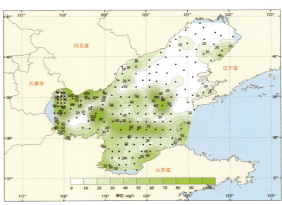

4- 渤海（表层）

渤海生态环境监测图集 Altas of eco-environment in the Bohai Sea

2014 年渤海生态环境监测
Distributions of eco-environmental monitoring factors in the Bohai Sea in 2014

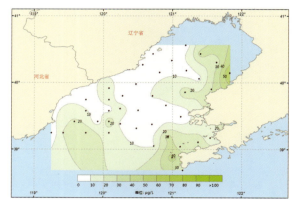

1- 辽东湾（底层）   2- 渤海湾（底层）

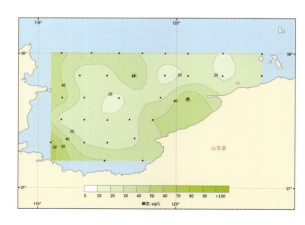
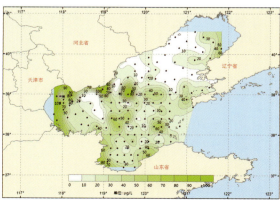

3- 莱州湾（底层）   4- 渤海（底层）

2014年渤海生态环境监测
Distributions of eco-environmental monitoring factors in the Bohai Sea in 2014

2.1.6.3 秋季

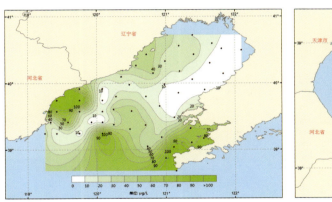

1- 辽东湾（表层）

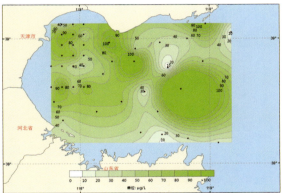

2- 渤海湾（表层）

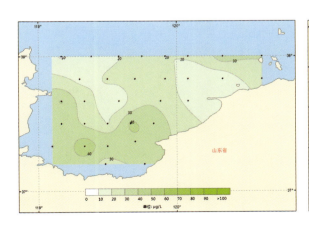

3- 莱州湾（表层）

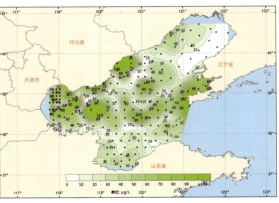

4- 渤海（表层）

渤海生态环境监测图集 Altas of eco-environment in the Bohai Sea

2014 年渤海生态环境监测
Distributions of eco-environmental monitoring factors in the Bohai Sea in 2014

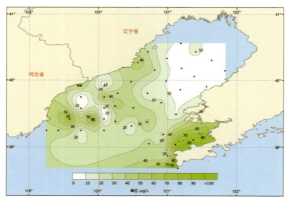

1- 辽东湾（底层）

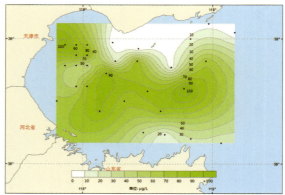

2- 渤海湾（底层）

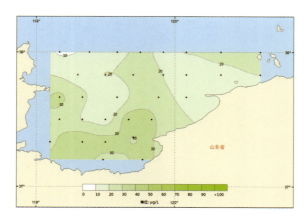

3- 莱州湾（底层）

4- 渤海（底层）

2014年渤海生态环境监测
Distributions of eco-environmental monitoring factors in the Bohai Sea in 2014

2.1.6.4 冬季

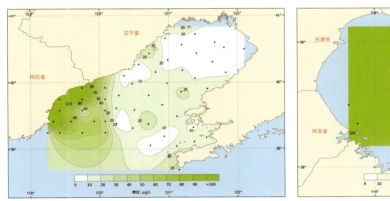

1- 辽东湾（表层）

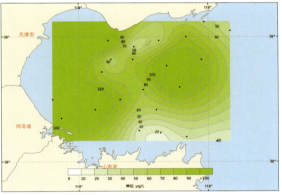

2- 渤海湾（表层）

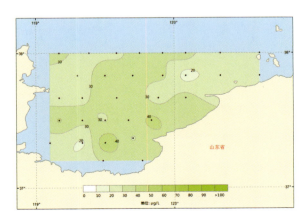

3- 莱州湾（表层）

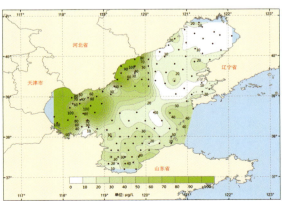

4- 渤海（表层）

渤海生态环境监测图集 Altas of eco-environment in the Bohai Sea

2014 年渤海生态环境监测
Distributions of eco-environmental monitoring factors in the Bohai Sea in 2014

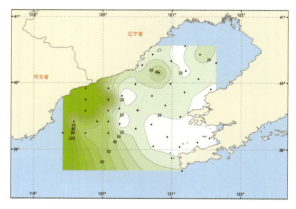

1- 辽东湾（底层）

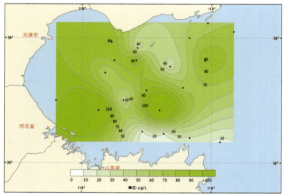

2- 渤海湾（底层）

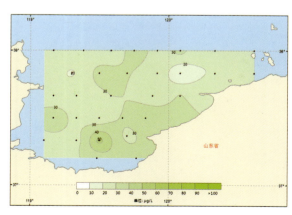

3- 莱州湾（底层）

4- 渤海（底层）

渤海生态环境监测图集 Altas of eco-environment in the Bohai Sea

2 2014年渤海生态环境监测
Distributions of eco-environmental monitoring factors in the Bohai Sea in 2014

2.1.7 亚硝氮分布图

2.1.7.1 春季

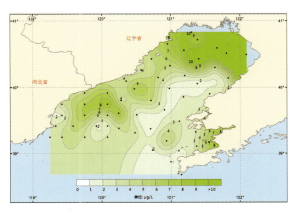

1- 辽东湾（表层）

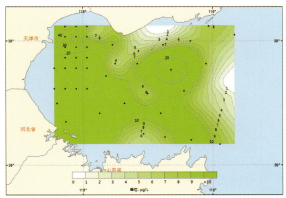

2- 渤海湾（表层）

3- 莱州湾（表层）

4- 渤海（表层）

渤海生态环境监测图集 Altas of eco-environment in the Bohai Sea

2 2014 年渤海生态环境监测
Distributions of eco-environmental monitoring factors in the Bohai Sea in 2014

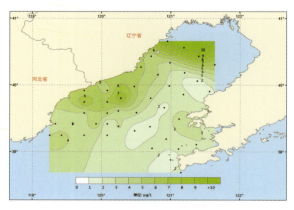

1- 辽东湾（底层）　　　　　　　　2- 渤海湾（底层）

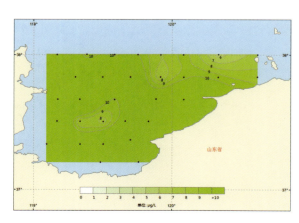

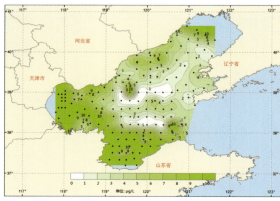

3- 莱州湾（底层）　　　　　　　　4- 渤海（底层）

渤海生态环境监测图集 Altas of eco-environment in the Bohai Sea

2014 年渤海生态环境监测
Distributions of eco-environmental monitoring factors in the Bohai Sea in 2014

2.1.7.2 夏季

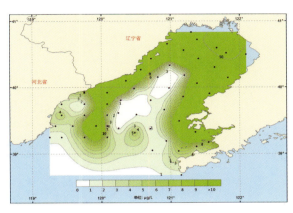

1- 辽东湾（表层）

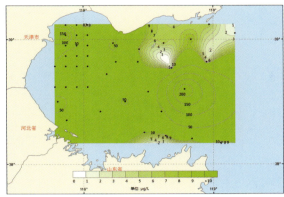

2- 渤海湾（表层）

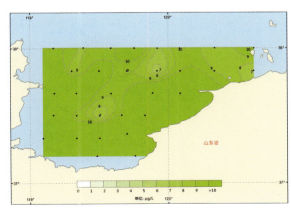

3- 莱州湾（表层）

4- 渤海（表层）

渤海生态环境监测图集 Altas of eco-environment in the Bohai Sea

2014 年渤海生态环境监测
Distributions of eco-environmental monitoring factors in the Bohai Sea in 2014

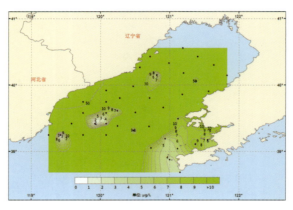

1- 辽东湾（底层）

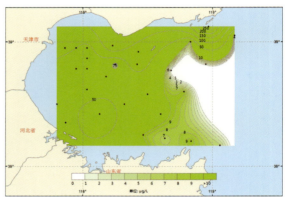

2- 渤海湾（底层）

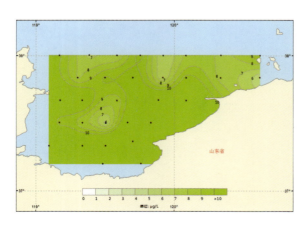

3- 莱州湾（底层）

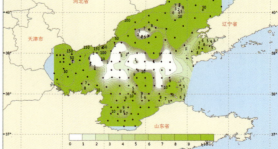

4- 渤海（底层）

2014年渤海生态环境监测
Distributions of eco-environmental monitoring factors in the Bohai Sea in 2014

2.1.7.3 秋季

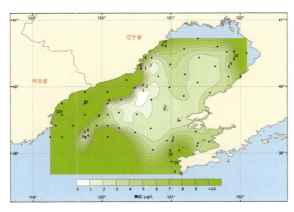

1- 辽东湾（表层）

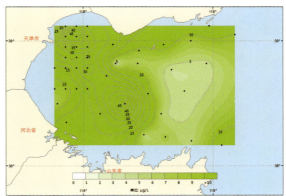

2- 渤海湾（表层）

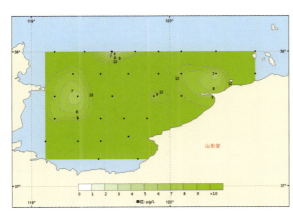

3- 莱州湾（表层）

4- 渤海（表层）

渤海生态环境监测图集 Altas of eco-environment in the Bohai Sea

2014 年渤海生态环境监测
Distributions of eco-environmental monitoring factors in the Bohai Sea in 2014

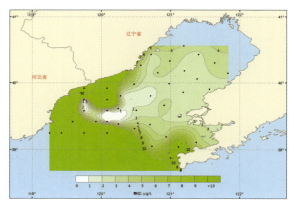

1- 辽东湾（底层）

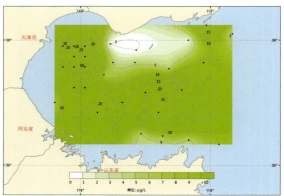

2- 渤海湾（底层）

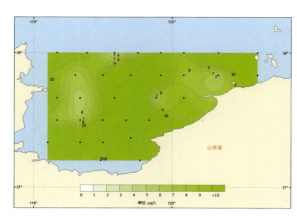

3- 莱州湾（底层）

4- 渤海（底层）

渤海生态环境监测图集 Altas of eco-environment in the Bohai Sea

2

2014 年渤海生态环境监测
Distributions of eco-environmental monitoring factors in the Bohai Sea in 2014

2.1.7.4　冬季

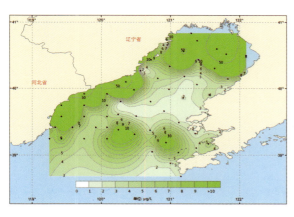

1- 辽东湾（表层）

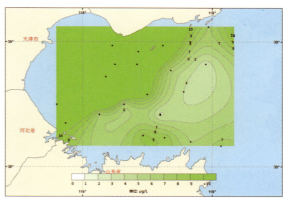

2- 渤海湾（表层）

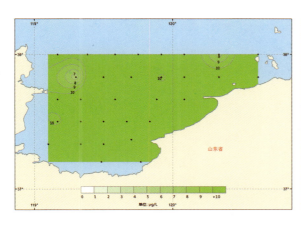

3- 莱州湾（表层）

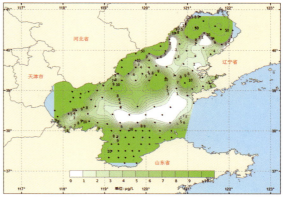

4- 渤海（表层）

渤海生态环境监测图集 Altas of eco-environment in the Bohai Sea

2014 年渤海生态环境监测
Distributions of eco-environmental monitoring factors in the Bohai Sea in 2014

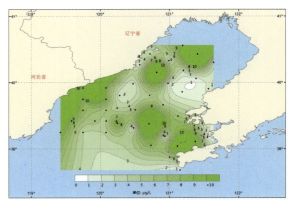

1- 辽东湾（底层）

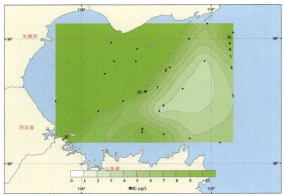

2- 渤海湾（底层）

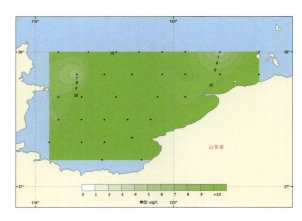

3- 莱州湾（底层）

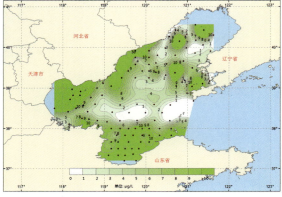

4- 渤海（底层）

渤海生态环境监测图集 Altas of eco-environment in the Bohai Sea

2014 年渤海生态环境监测
Distributions of eco-environmental monitoring factors in the Bohai Sea in 2014

2.1.8 硝氮分布图

2.1.8.1 春季

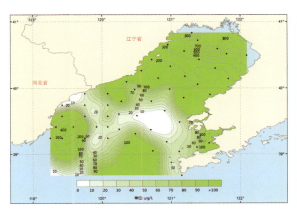

1- 辽东湾（表层）

2- 渤海湾（表层）

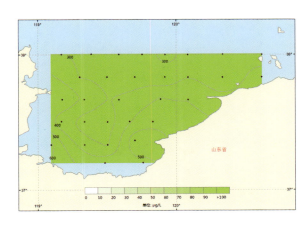

3- 莱州湾（表层）

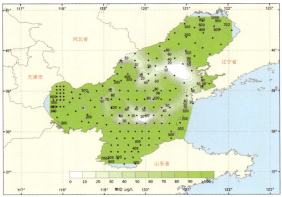

4- 渤海（表层）

渤海生态环境监测图集 Altas of eco-environment in the Bohai Sea

2014 年渤海生态环境监测
Distributions of eco-environmental monitoring factors in the Bohai Sea in 2014

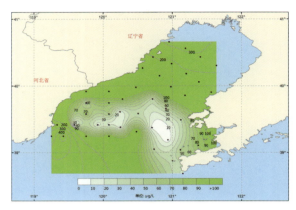

1- 辽东湾（底层）

2- 渤海湾（底层）

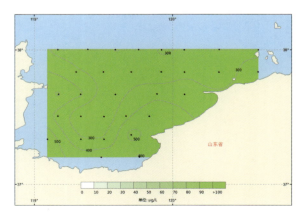

3- 莱州湾（底层）

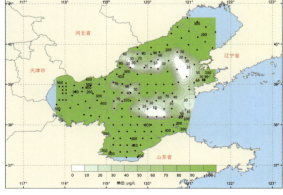

4- 渤海（底层）

2 2014年渤海生态环境监测
Distributions of eco-environmental monitoring factors in the Bohai Sea in 2014

2.1.8.2 夏季

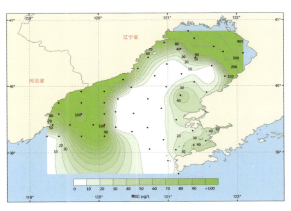

1- 辽东湾（表层）

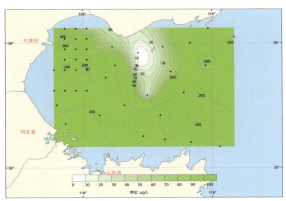

2- 渤海湾（表层）

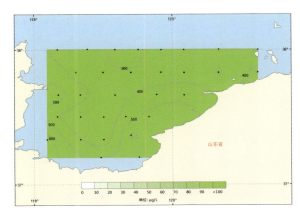

3- 莱州湾（表层）

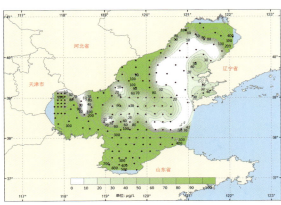

4- 渤海（表层）

2 2014年渤海生态环境监测
Distributions of eco-environmental monitoring factors in the Bohai Sea in 2014

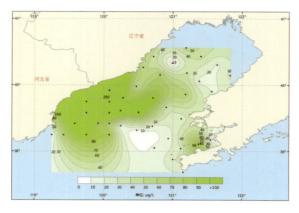

1- 辽东湾（底层）   2- 渤海湾（底层）

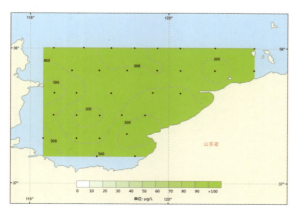

3- 莱州湾（底层）   4- 渤海（底层）

渤海生态环境监测图集 Altas of eco-environment in the Bohai Sea

2014 年渤海生态环境监测
Distributions of eco-environmental monitoring factors in the Bohai Sea in 2014

2.1.8.3 秋季

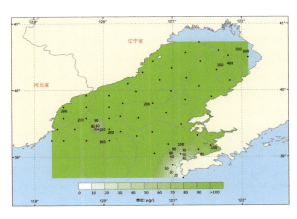

1- 辽东湾（表层）

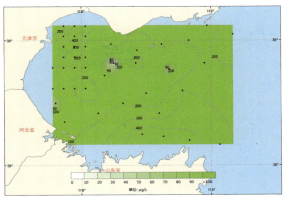

2- 渤海湾（表层）

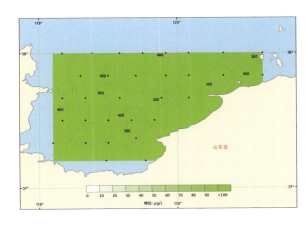

3- 莱州湾（表层）

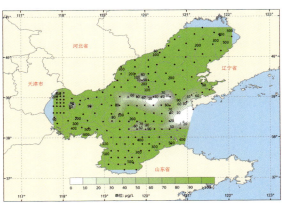

4- 渤海（表层）

渤海生态环境监测图集 Altas of eco-environment in the Bohai Sea

2014年渤海生态环境监测
Distributions of eco-environmental monitoring factors in the Bohai Sea in 2014

1- 辽东湾（底层）　　　　　　2- 渤海湾（底层）

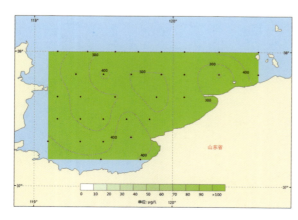
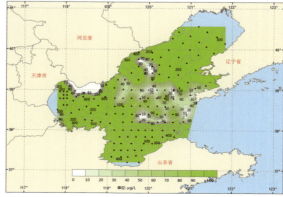

3- 莱州湾（底层）　　　　　　4- 渤海（底层）

渤海生态环境监测图集 Altas of eco-environment in the Bohai Sea

2014 年渤海生态环境监测
Distributions of eco-environmental monitoring factors in the Bohai Sea in 2014

2.1.8.4 冬季

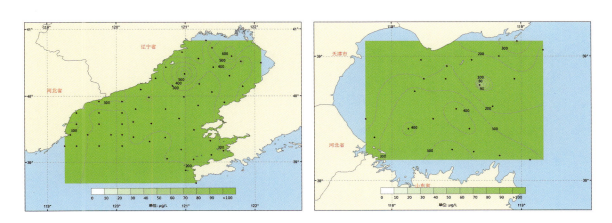

1- 辽东湾（表层）

2- 渤海湾（表层）

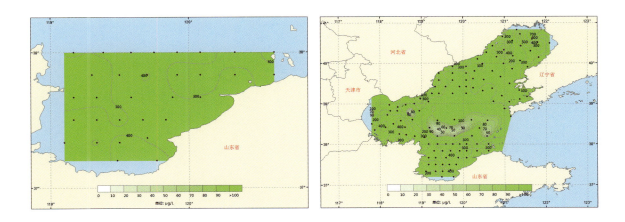

3- 莱州湾（表层）

4- 渤海（表层）

2014 年渤海生态环境监测
Distributions of eco-environmental monitoring factors in the Bohai Sea in 2014

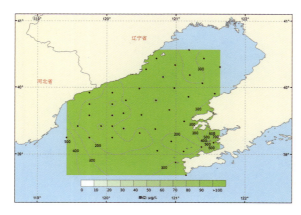

1- 辽东湾（底层）

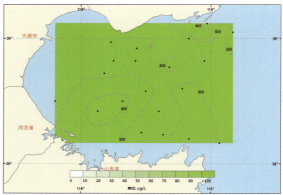

2- 渤海湾（底层）

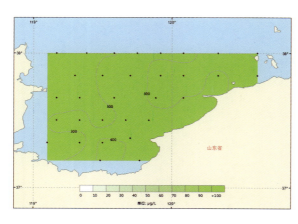

3- 莱州湾（底层）

4- 渤海（底层）

渤海生态环境监测图集 Altas of eco-environment in the Bohai Sea

2014 年渤海生态环境监测
Distributions of eco-environmental monitoring factors in the Bohai Sea in 2014

2.1.9 无机氮分布图

2.1.9.1 春季

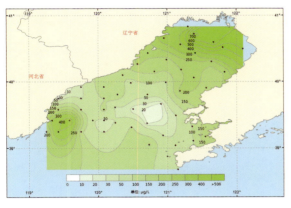

1- 辽东湾（表层）

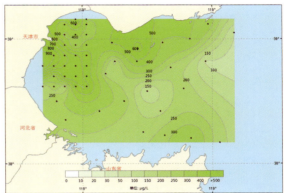

2- 渤海湾（表层）

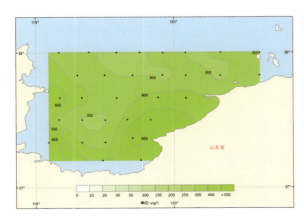

3- 莱州湾（表层）

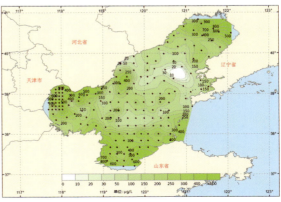

4- 渤海（表层）

渤海生态环境监测图集 Atlas of eco-environment in the Bohai Sea

2014 年渤海生态环境监测
Distributions of eco-environmental monitoring factors in the Bohai Sea in 2014

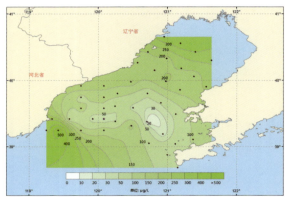

1- 辽东湾（底层）

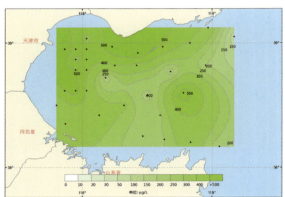

2- 渤海湾（底层）

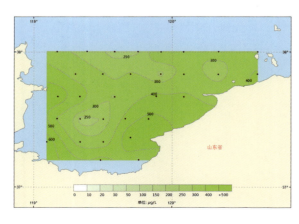

3- 莱州湾（底层）

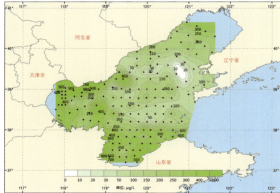

4- 渤海（底层）

渤海生态环境监测图集 Altas of eco-environment in the Bohai Sea

2 2014 年渤海生态环境监测
Distributions of eco-environmental monitoring factors in the Bohai Sea in 2014

2.1.9.2 夏季

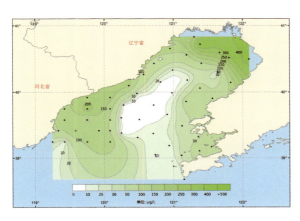

1- 辽东湾（表层）

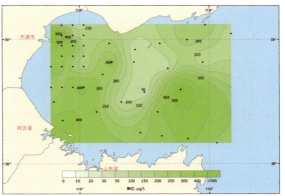

2- 渤海湾（表层）

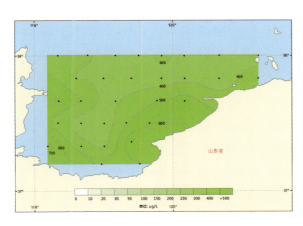

3- 莱州湾（表层）

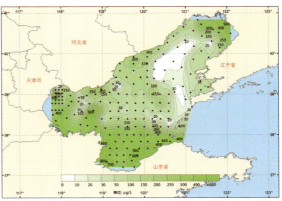

4- 渤海（表层）

渤海生态环境监测图集 Atlas of eco-environment in the Bohai Sea

2

2014 年渤海生态环境监测
Distributions of eco-environmental monitoring factors in the Bohai Sea in 2014

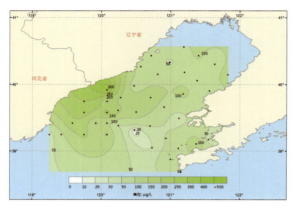

1- 辽东湾（底层）

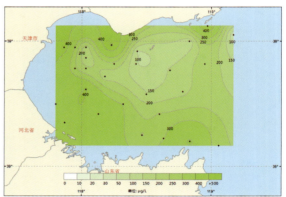

2- 渤海湾（底层）

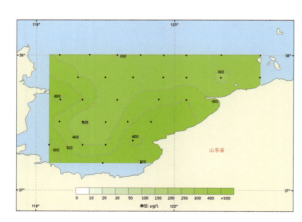

3- 莱州湾（底层）

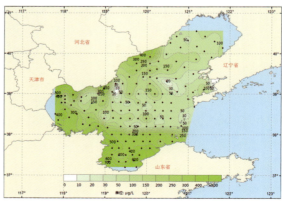

4- 渤海（底层）

2014 年渤海生态环境监测
Distributions of eco-environmental monitoring factors in the Bohai Sea in 2014

2.1.9.3 秋季

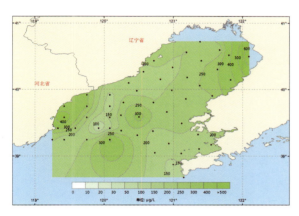

1- 辽东湾（表层）

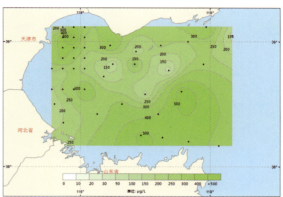

2- 渤海湾（表层）

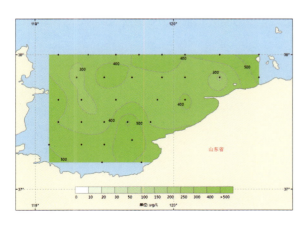

3- 莱州湾（表层）

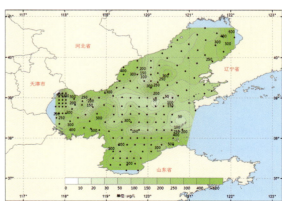

4- 渤海（表层）

渤海生态环境监测图集 Altas of eco-environment in the Bohai Sea

2014 年渤海生态环境监测
Distributions of eco-environmental monitoring factors in the Bohai Sea in 2014

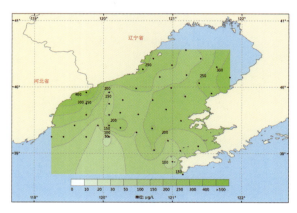

1- 辽东湾（底层）

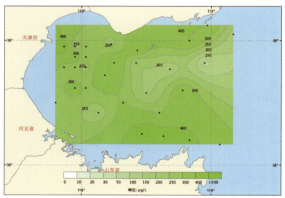

2- 渤海湾（底层）

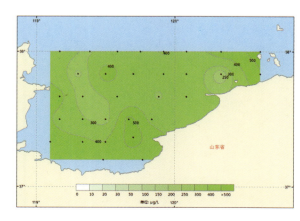

3- 莱州湾（底层）

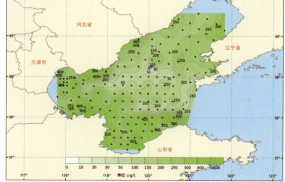

4- 渤海（底层）

2014年渤海生态环境监测
Distributions of eco-environmental monitoring factors in the Bohai Sea in 2014

2.1.9.4 冬季

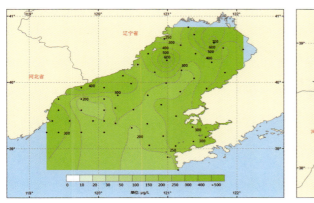

1- 辽东湾（表层）

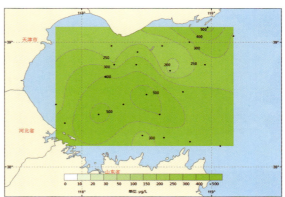

2- 渤海湾（表层）

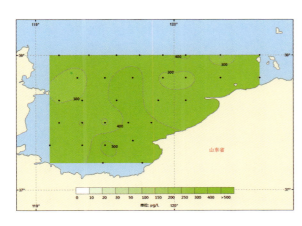

3- 莱州湾（表层）

4- 渤海（表层）

渤海生态环境监测图集 Altas of eco-environment in the Bohai Sea

2014 年渤海生态环境监测
Distributions of eco-environmental monitoring factors in the Bohai Sea in 2014

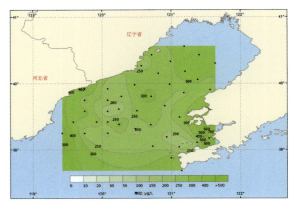

1- 辽东湾（底层）

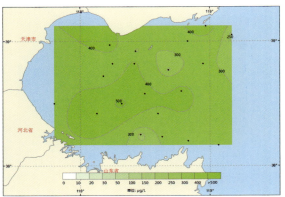

2- 渤海湾（底层）

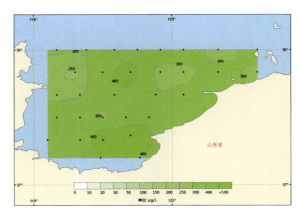

3- 莱州湾（底层）

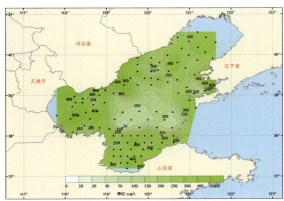

4- 渤海（底层）

2 2014年渤海生态环境监测
Distributions of eco-environmental monitoring factors in the Bohai Sea in 2014

2.1.10 活性磷酸盐分布图

2.1.10.1 春季

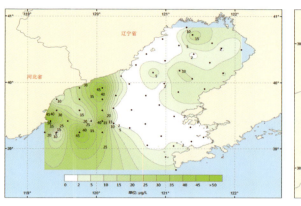

1- 辽东湾（表层）

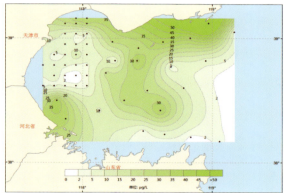

2- 渤海湾（表层）

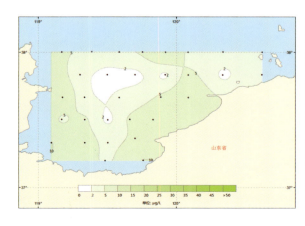

3- 莱州湾（表层）

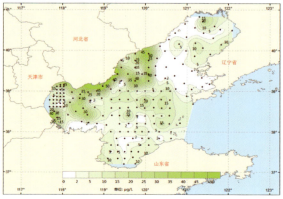

4- 渤海（表层）

渤海生态环境监测图集 Altas of eco-environment in the Bohai Sea

2014 年渤海生态环境监测
Distributions of eco-environmental monitoring factors in the Bohai Sea in 2014

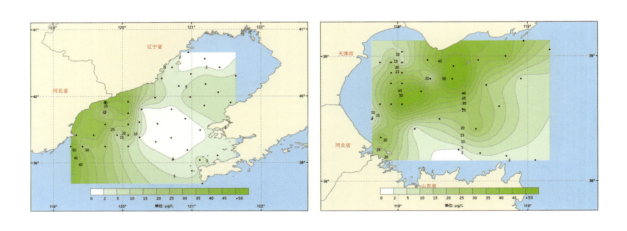

1- 辽东湾（底层）　　　　　　　　　　　　2- 渤海湾（底层）

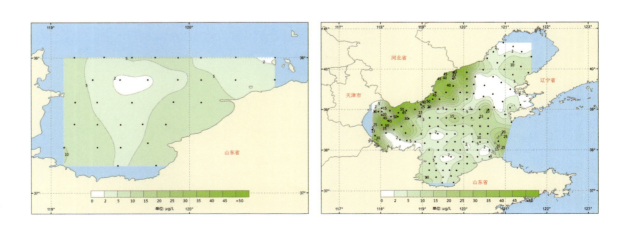

3- 莱州湾（底层）　　　　　　　　　　　　4- 渤海（底层）

渤海生态环境监测图集 Altas of eco-environment in the Bohai Sea

2 2014 年渤海生态环境监测
Distributions of eco-environmental monitoring factors in the Bohai Sea in 2014

2.1.10.2 夏季

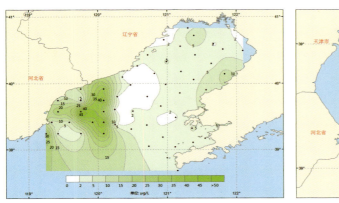

1- 辽东湾（表层）

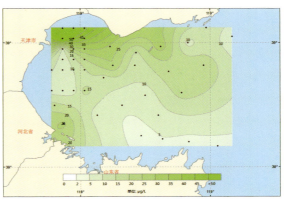

2- 渤海湾（表层）

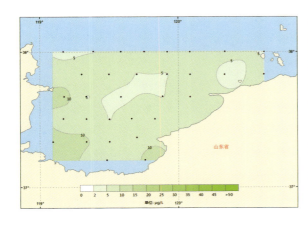

3- 莱州湾（表层）

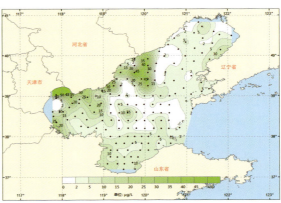

4- 渤海（表层）

渤海生态环境监测图集 Altas of eco-environment in the Bohai Sea

2014 年渤海生态环境监测
Distributions of eco-environmental monitoring factors in the Bohai Sea in 2014

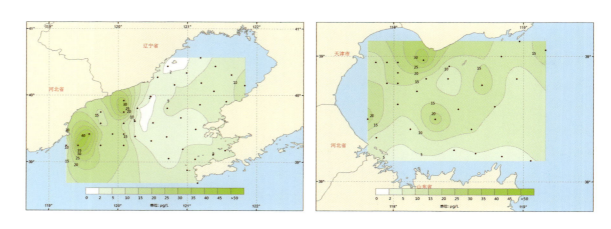

1- 辽东湾（底层）   2- 渤海湾（底层）

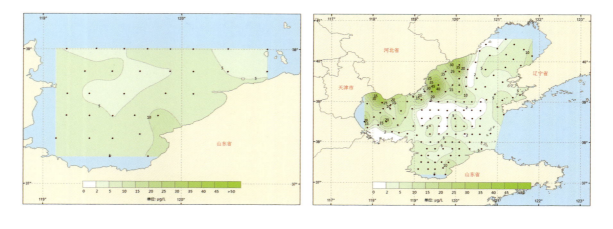

3- 莱州湾（底层）   4- 渤海（底层）

渤海生态环境监测图集 Altas of eco-environment in the Bohai Sea

2014 年渤海生态环境监测
Distributions of eco-environmental monitoring factors in the Bohai Sea in 2014

2.1.10.3 秋季

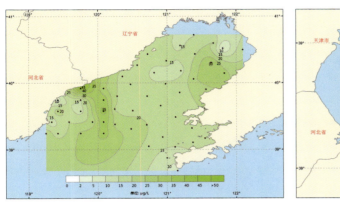

1- 辽东湾（表层）

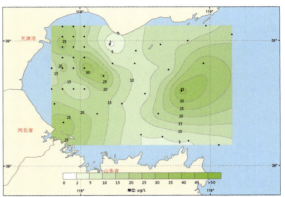

2- 渤海湾（表层）

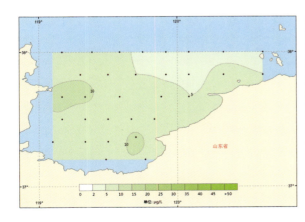

3- 莱州湾（表层）

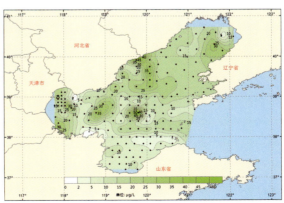

4- 渤海（表层）

2014 年渤海生态环境监测
Distributions of eco-environmental monitoring factors in the Bohai Sea in 2014

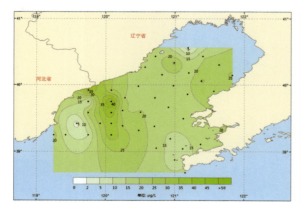

1- 辽东湾（底层）   2- 渤海湾（底层）

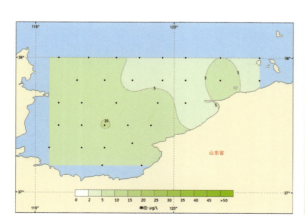 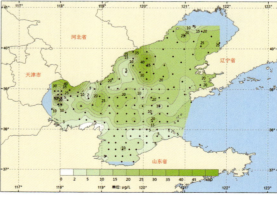

3- 莱州湾（底层）   4- 渤海（底层）

2014年渤海生态环境监测
Distributions of eco-environmental monitoring factors in the Bohai Sea in 2014

2.1.10.4 冬季

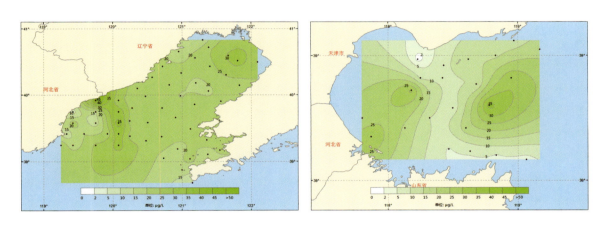

1- 辽东湾（表层）　　　　　　　　2- 渤海湾（表层）

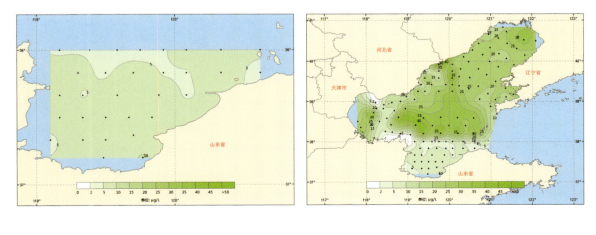

3- 莱州湾（表层）　　　　　　　　4- 渤海（表层）

渤海生态环境监测图集 Altas of eco-environment in the Bohai Sea

2014 年渤海生态环境监测
Distributions of eco-environmental monitoring factors in the Bohai Sea in 2014

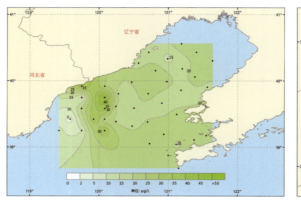

1- 辽东湾（底层）

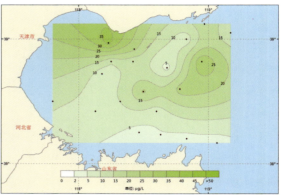

2- 渤海湾（底层）

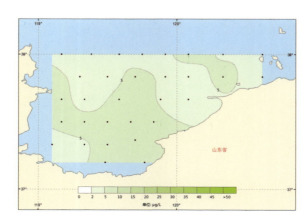

3- 莱州湾（底层）

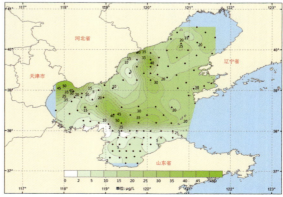

4- 渤海（底层）

渤海生态环境监测图集 Altas of eco-environment in the Bohai Sea

2014 年渤海生态环境监测
Distributions of eco-environmental monitoring factors in the Bohai Sea in 2014

2.1.11　石油类分布图

2.1.11.1　春季

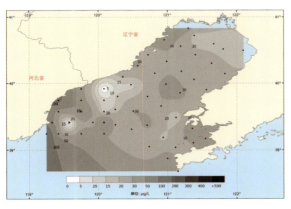

1- 辽东湾（表层）

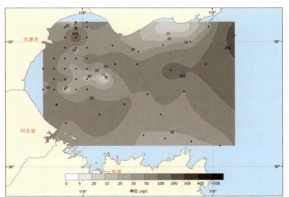

2- 渤海湾（表层）

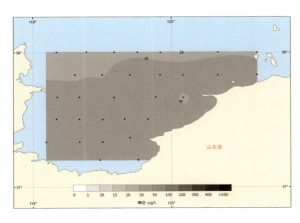

3- 莱州湾（表层）

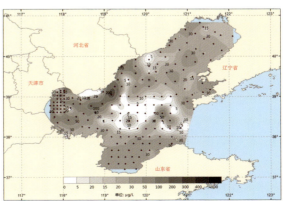

4- 渤海（表层）

- 255 -

渤海生态环境监测图集 Altas of eco-environment in the Bohai Sea

2014 年渤海生态环境监测
Distributions of eco-environmental monitoring factors in the Bohai Sea in 2014

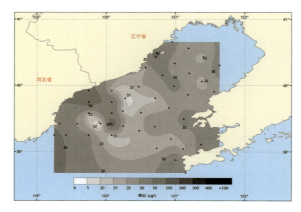

1- 辽东湾（底层）

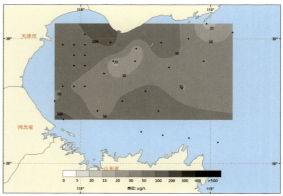

2- 渤海湾（底层）

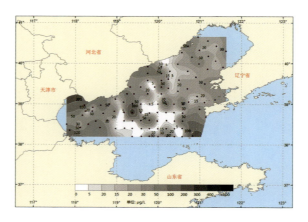

3- 渤海（底层）

渤海生态环境监测图集 Altas of eco-environment in the Bohai Sea

2014 年渤海生态环境监测
Distributions of eco-environmental monitoring factors in the Bohai Sea in 2014

2.1.11.2　夏季

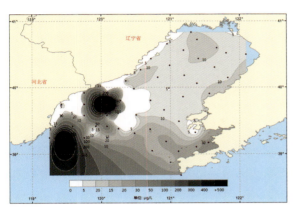

1- 辽东湾（表层）

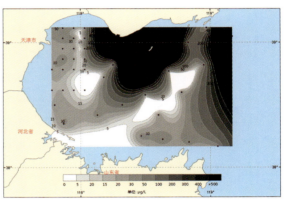

2- 渤海湾（表层）

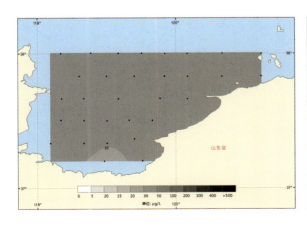

3- 莱州湾（表层）

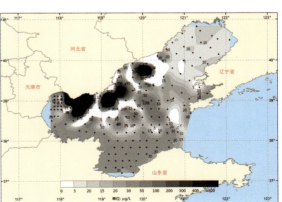

4- 渤海（表层）

2014 年渤海生态环境监测
Distributions of eco-environmental monitoring factors in the Bohai Sea in 2014

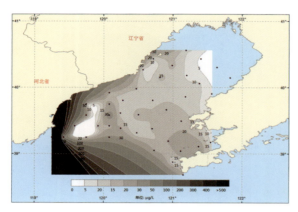

1- 辽东湾（底层）

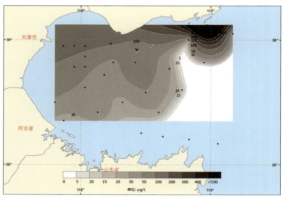

2- 渤海湾（底层）

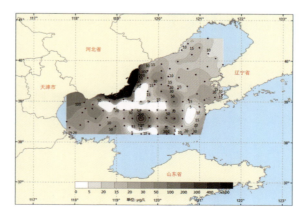

3- 渤海（底层）

2014年渤海生态环境监测

Distributions of eco-environmental monitoring factors in the Bohai Sea in 2014

2.1.11.3 秋季

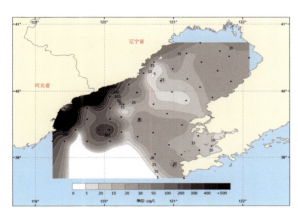

1- 辽东湾（表层）

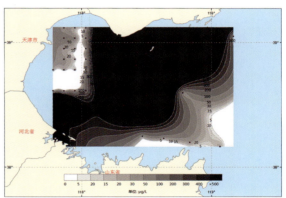

2- 渤海湾（表层）

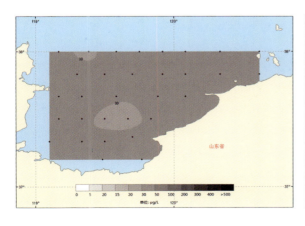

3- 莱州湾（表层）

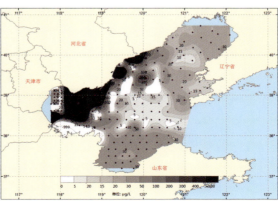

4- 渤海（表层）

渤海生态环境监测图集 Altas of eco-environment in the Bohai Sea

2014 年渤海生态环境监测
Distributions of eco-environmental monitoring factors in the Bohai Sea in 2014

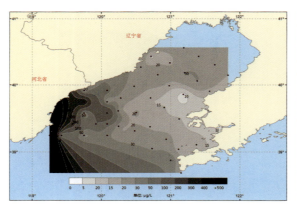

1- 辽东湾（底层）

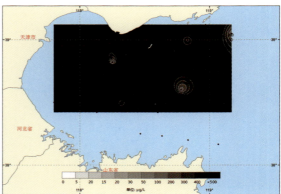

2- 渤海湾（底层）

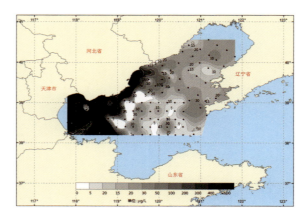

3- 渤海（底层）

2014年渤海生态环境监测
Distributions of eco-environmental monitoring factors in the Bohai Sea in 2014

2.1.11.4　冬季

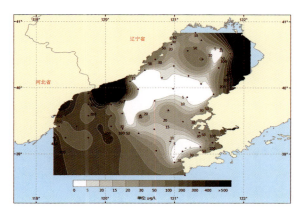

1- 辽东湾（表层）　　　　　　　　　　2- 渤海湾（表层）

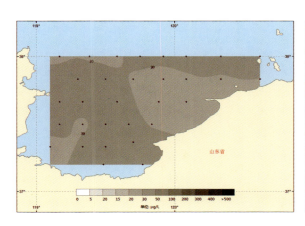

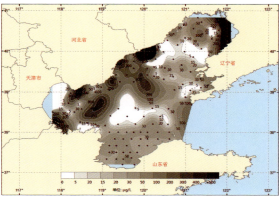

3- 莱州湾（表层）　　　　　　　　　　4- 渤海（表层）

渤海生态环境监测图集 Atlas of eco-environment in the Bohai Sea

2014 年渤海生态环境监测
Distributions of eco-environmental monitoring factors in the Bohai Sea in 2014

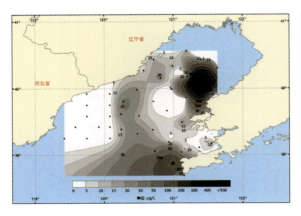

1- 辽东湾（底层）

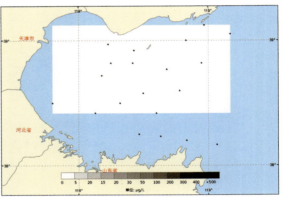

2- 渤海湾（底层）

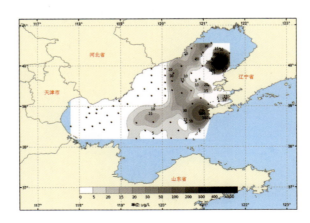

3- 渤海（底层）

渤海生态环境监测图集 Altas of eco-environment in the Bohai Sea

2014 年渤海生态环境监测
Distributions of eco-environmental monitoring factors in the Bohai Sea in 2014

2.1.12 铜分布图

2.1.12.1 春季

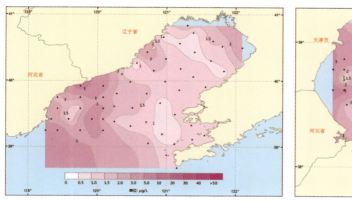

1- 辽东湾（表层）

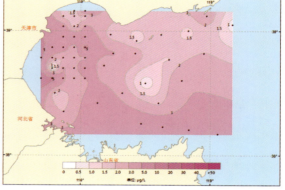

2- 渤海湾（表层）

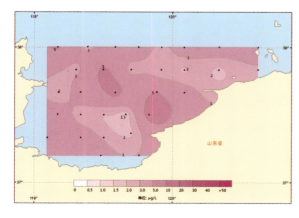

3- 莱州湾（表层）

4- 渤海（表层）

渤海生态环境监测图集 Altas of eco-environment in the Bohai Sea

2014 年渤海生态环境监测
Distributions of eco-environmental monitoring factors in the Bohai Sea in 2014

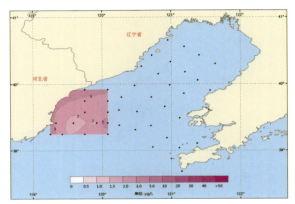

1- 辽东湾（底层）　　　　　　　　　2- 渤海湾（底层）

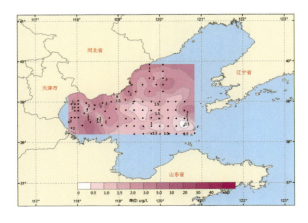

3- 渤海（底层）

渤海生态环境监测图集 Altas of eco-environment in the Bohai Sea

2 2014 年渤海生态环境监测
Distributions of eco-environmental monitoring factors in the Bohai Sea in 2014

2.1.12.2 夏季

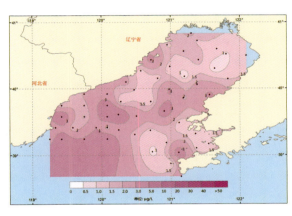

1- 辽东湾（表层）

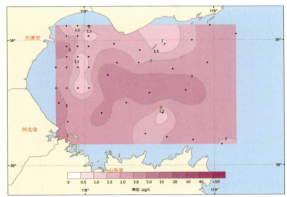

2- 渤海湾（表层）

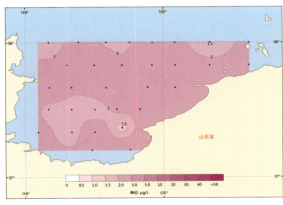

3- 莱州湾（表层）

4- 渤海（表层）

渤海生态环境监测图集 Altas of eco-environment in the Bohai Sea

2014 年渤海生态环境监测
Distributions of eco-environmental monitoring factors in the Bohai Sea in 2014

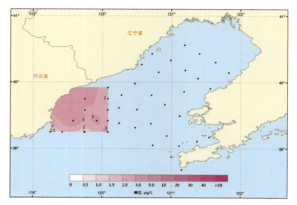

1- 辽东湾（底层）

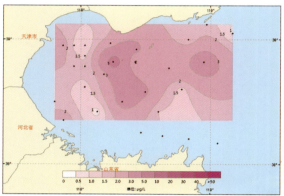

2- 渤海湾（底层）

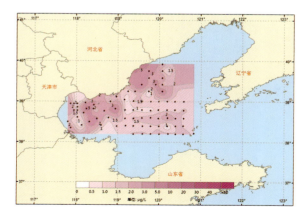

3- 渤海（底层）

2014年渤海生态环境监测
Distributions of eco-environmental monitoring factors in the Bohai Sea in 2014

2.1.12.3 秋季

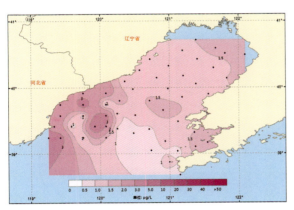

1- 辽东湾（表层）

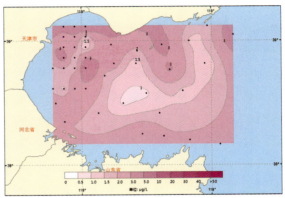

2- 渤海湾（表层）

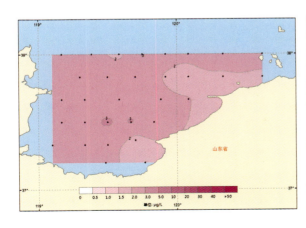

3- 莱州湾（表层）

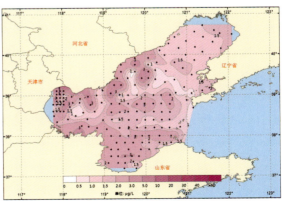

4- 渤海（表层）

渤海生态环境监测图集 Altas of eco-environment in the Bohai Sea

2014 年渤海生态环境监测
Distributions of eco-environmental monitoring factors in the Bohai Sea in 2014

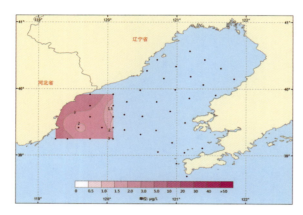

1- 辽东湾（底层）

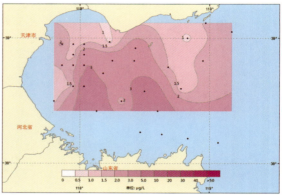

2- 渤海湾（底层）

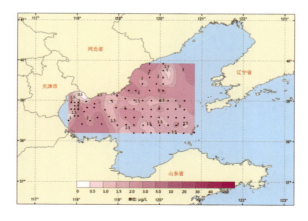

3- 渤海（底层）

2014年渤海生态环境监测
Distributions of eco-environmental monitoring factors in the Bohai Sea in 2014

2.1.12.4 冬季

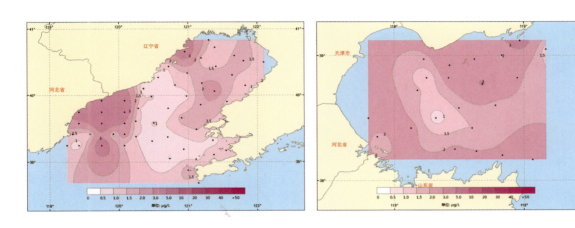

1- 辽东湾（表层）　　　　　2- 渤海湾（表层）

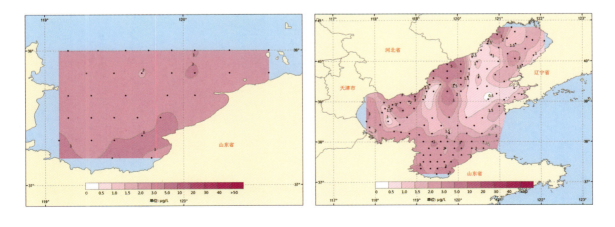

3- 莱州湾（表层）　　　　　4- 渤海（表层）

渤海生态环境监测图集 Altas of eco-environment in the Bohai Sea

2014 年渤海生态环境监测
Distributions of eco-environmental monitoring factors in the Bohai Sea in 2014

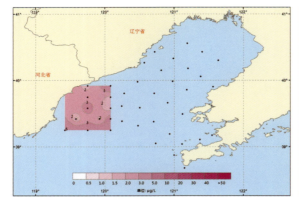

1- 辽东湾（底层）

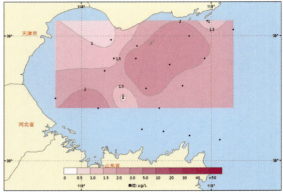

2- 渤海湾（底层）

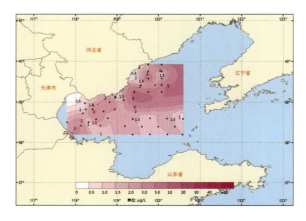

3- 渤海（底层）

渤海生态环境监测图集 Altas of eco-environment in the Bohai Sea

2014 年渤海生态环境监测
Distributions of eco-environmental monitoring factors in the Bohai Sea in 2014

2.1.13 铅分布图

2.1.13.1 春季

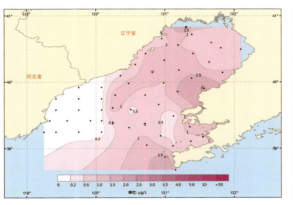

1- 辽东湾（表层）

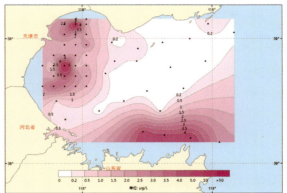

2- 渤海湾（表层）

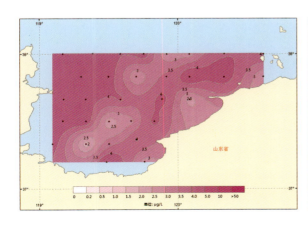

3- 莱州湾（表层）

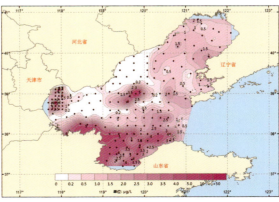

4- 渤海（表层）

渤海生态环境监测图集 Altas of eco-environment in the Bohai Sea

2014 年渤海生态环境监测
Distributions of eco-environmental monitoring factors in the Bohai Sea in 2014

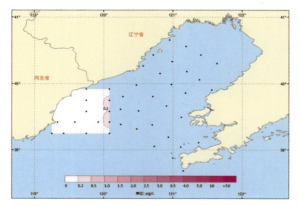

1- 辽东湾（底层）

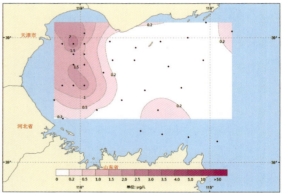

2- 渤海湾（底层）

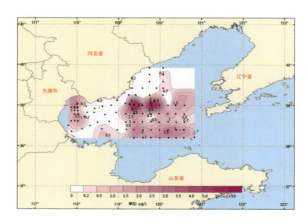

3- 渤海（底层）

2014年渤海生态环境监测
Distributions of eco-environmental monitoring factors in the Bohai Sea in 2014

2.1.13.2 夏季

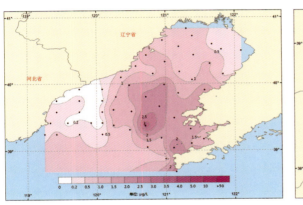

1- 辽东湾（表层）

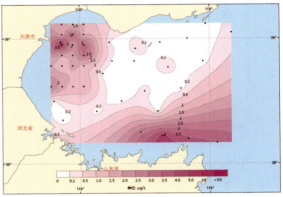

2- 渤海湾（表层）

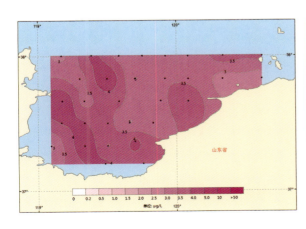

3- 莱州湾（表层）

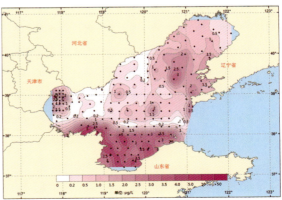

4- 渤海（表层）

渤海生态环境监测图集 Altas of eco-environment in the Bohai Sea

2014 年渤海生态环境监测
Distributions of eco-environmental monitoring factors in the Bohai Sea in 2014

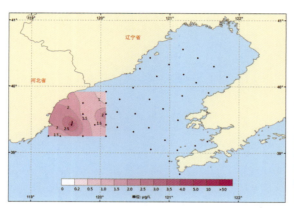

1- 辽东湾（底层）

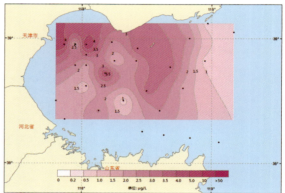

2- 渤海湾（底层）

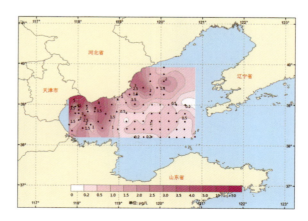

3- 渤海（底层）

渤海生态环境监测图集 Altas of eco-environment in the Bohai Sea

2014 年渤海生态环境监测
Distributions of eco-environmental monitoring factors in the Bohai Sea in 2014

2.1.13.3　秋季

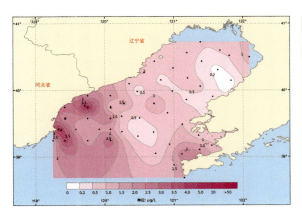

1- 辽东湾（表层）

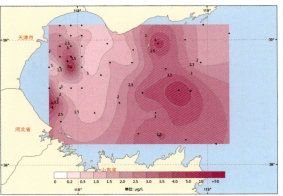

2- 渤海湾（表层）

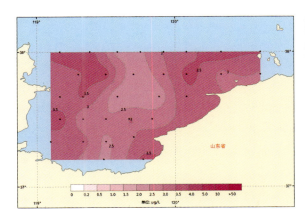

3- 莱州湾（表层）

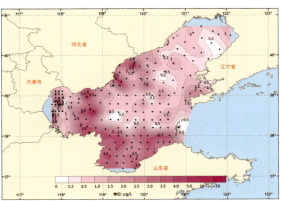

4- 渤海（表层）

渤海生态环境监测图集 Altas of eco-environment in the Bohai Sea

2014 年渤海生态环境监测
Distributions of eco-environmental monitoring factors in the Bohai Sea in 2014

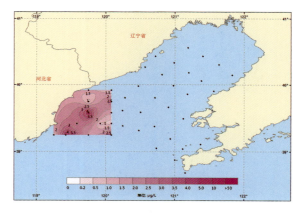

1- 辽东湾（底层）

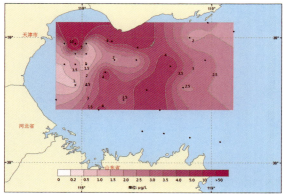

2- 渤海湾（底层）

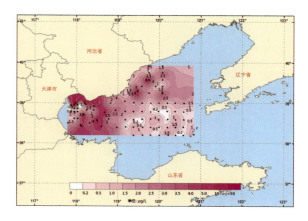

3- 渤海（底层）

2014年渤海生态环境监测
Distributions of eco-environmental monitoring factors in the Bohai Sea in 2014

2.1.13.4 冬季

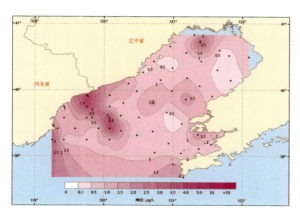

1- 辽东湾（表层）

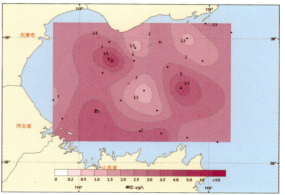

2- 渤海湾（表层）

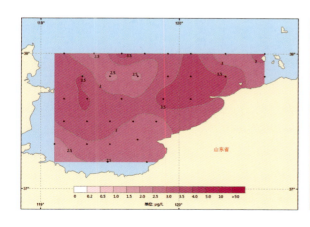

3- 莱州湾（表层）

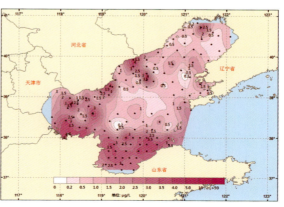

4- 渤海（表层）

渤海生态环境监测图集 Altas of eco-environment in the Bohai Sea

2 2014 年渤海生态环境监测
Distributions of eco-environmental monitoring factors in the Bohai Sea in 2014

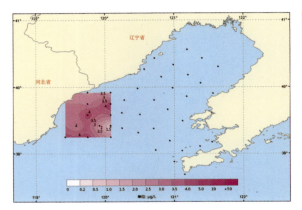

1- 辽东湾（底层）

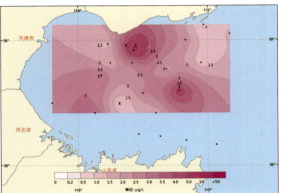

2- 渤海湾（底层）

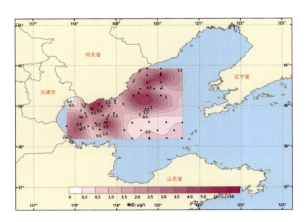

3- 渤海（底层）

渤海生态环境监测图集 Altas of eco-environment in the Bohai Sea

2014 年渤海生态环境监测
Distributions of eco-environmental monitoring factors in the Bohai Sea in 2014

2.1.14 锌分布图

2.1.14.1 春季

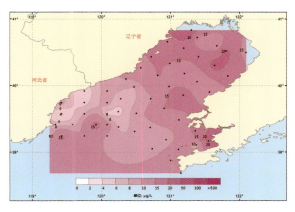

1- 辽东湾（表层）

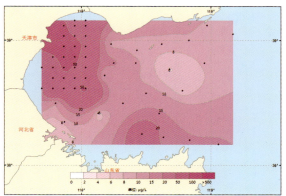

2- 渤海湾（表层）

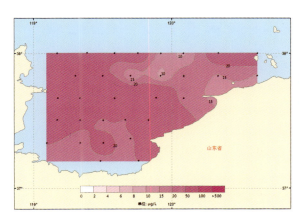

3- 莱州湾（表层）

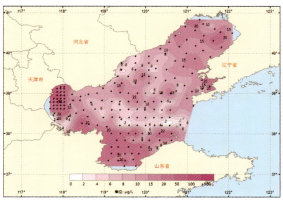

4- 渤海（表层）

渤海生态环境监测图集 Altas of eco-environment in the Bohai Sea

2014 年渤海生态环境监测
Distributions of eco-environmental monitoring factors in the Bohai Sea in 2014

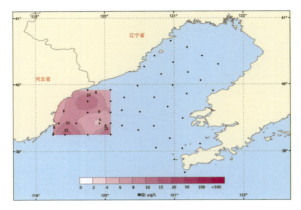

1- 辽东湾（底层）

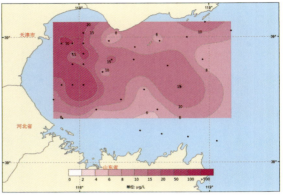

2- 渤海湾（底层）

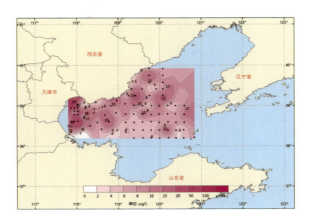

3- 渤海（底层）

渤海生态环境监测图集 Atlas of eco-environment in the Bohai Sea

2014 年渤海生态环境监测
Distributions of eco-environmental monitoring factors in the Bohai Sea in 2014

2.1.14.2 夏季

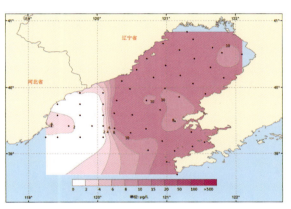

1- 辽东湾（表层）

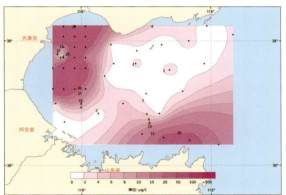

2- 渤海湾（表层）

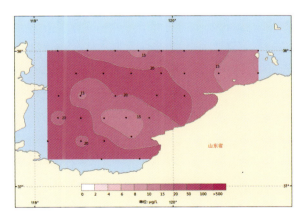

3- 莱州湾（表层）

4- 渤海（表层）

渤海生态环境监测图集 Atlas of eco-environment in the Bohai Sea

2 2014 年渤海生态环境监测
Distributions of eco-environmental monitoring factors in the Bohai Sea in 2014

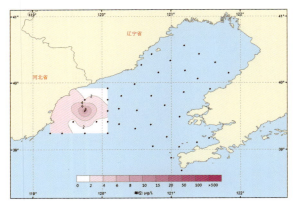

1- 辽东湾（底层）   2- 渤海湾（底层）

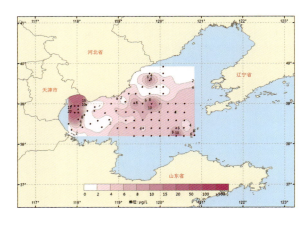

3- 渤海（底层）

2014年渤海生态环境监测
Distributions of eco-environmental monitoring factors in the Bohai Sea in 2014

2.1.14.3 秋季

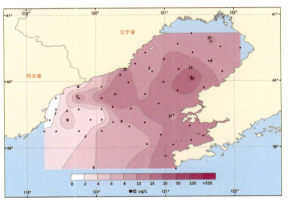

1- 辽东湾（表层）

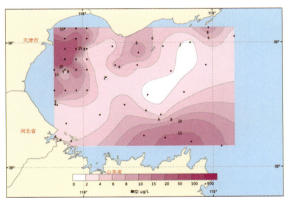

2- 渤海湾（表层）

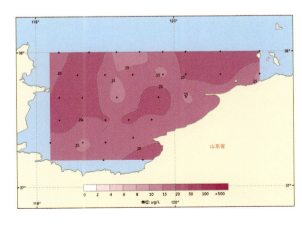

3- 莱州湾（表层）

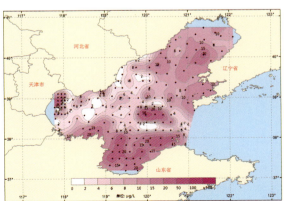

4- 渤海（表层）

2014 年渤海生态环境监测
Distributions of eco-environmental monitoring factors in the Bohai Sea in 2014

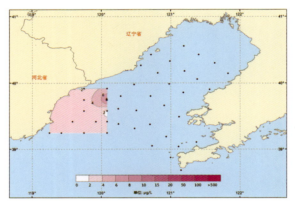

1- 辽东湾（底层）

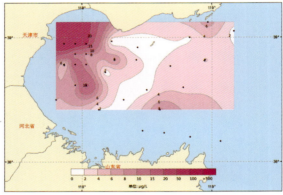

2- 渤海湾（底层）

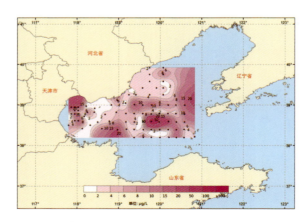

3- 渤海（底层）

渤海生态环境监测图集 Altas of eco-environment in the Bohai Sea

2

2014 年渤海生态环境监测
Distributions of eco-environmental monitoring factors in the Bohai Sea in 2014

2.1.14.4 冬季

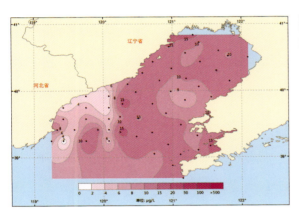

1- 辽东湾（表层）

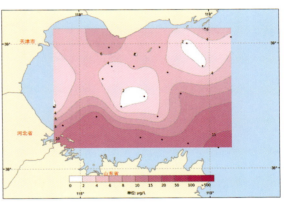

2- 渤海湾（表层）

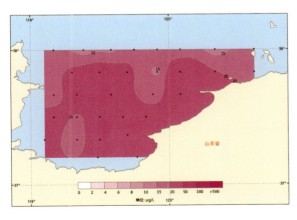

3- 莱州湾（表层）

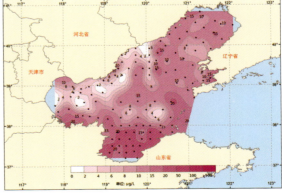

4- 渤海（表层）

渤海生态环境监测图集 Altas of eco-environment in the Bohai Sea

2014 年渤海生态环境监测
Distributions of eco-environmental monitoring factors in the Bohai Sea in 2014

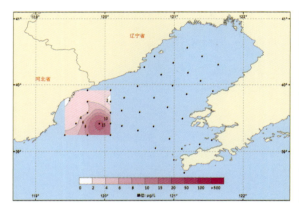

1- 辽东湾（底层）

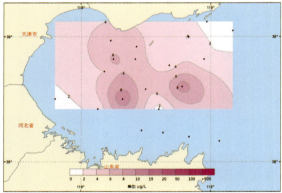

2- 渤海湾（底层）

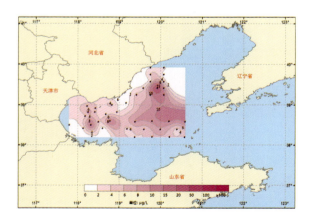

3- 渤海（底层）

渤海生态环境监测图集 Altas of eco-environment in the Bohai Sea

2 2014年渤海生态环境监测
Distributions of eco-environmental monitoring factors in the Bohai Sea in 2014

2.1.15 镉分布图

2.1.15.1 春季

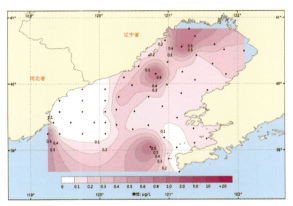

1- 辽东湾（表层）

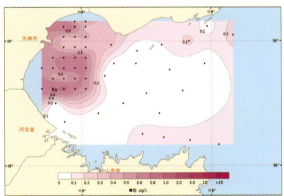

2- 渤海湾（表层）

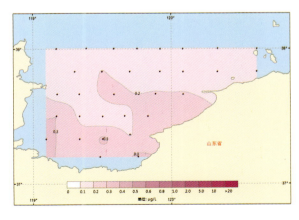

3- 莱州湾（表层）

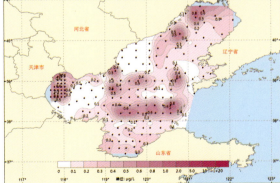

4- 渤海（表层）

2014年渤海生态环境监测
Distributions of eco-environmental monitoring factors in the Bohai Sea in 2014

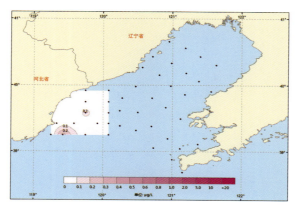

1- 辽东湾（底层）

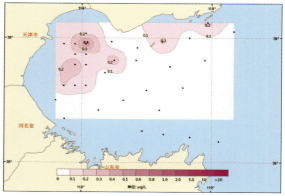

2- 渤海湾（底层）

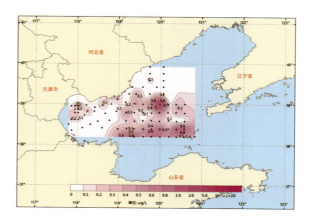

3- 渤海（底层）

2.1.15.2 夏季

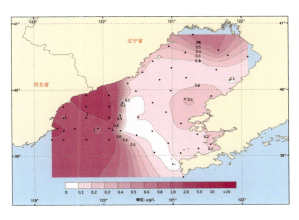

1- 辽东湾（表层）

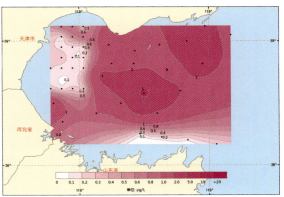

2- 渤海湾（表层）

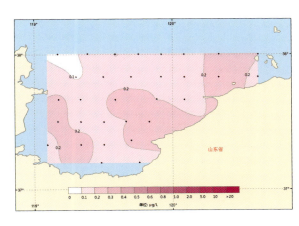

3- 莱州湾（表层）

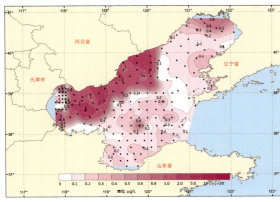

4- 渤海（表层）

渤海生态环境监测图集 Altas of eco-environment in the Bohai Sea

2

2014 年渤海生态环境监测
Distributions of eco-environmental monitoring factors in the Bohai Sea in 2014

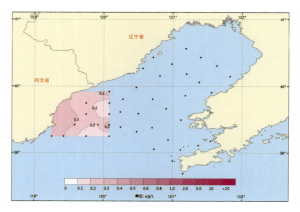

1- 辽东湾（底层）

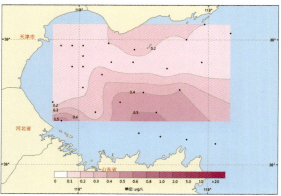

2- 渤海湾（底层）

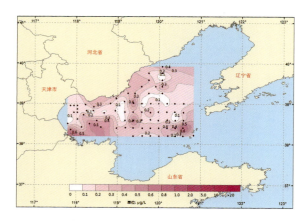

3- 渤海（底层）

渤海生态环境监测图集 Altas of eco-environment in the Bohai Sea

2014 年渤海生态环境监测
Distributions of eco-environmental monitoring factors in the Bohai Sea in 2014

2.1.15.3 秋季

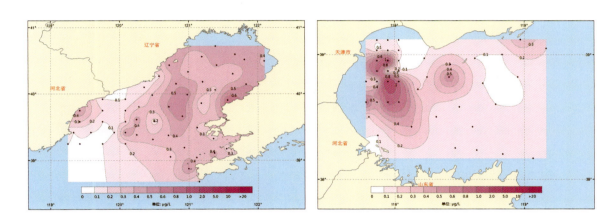

1- 辽东湾（表层）　　　　　　　　　　2- 渤海湾（表层）

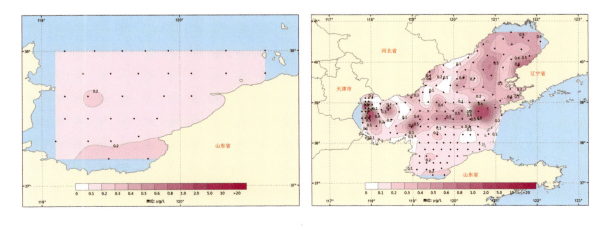

3- 莱州湾（表层）　　　　　　　　　　4- 渤海（表层）

渤海生态环境监测图集 Altas of eco-environment in the Bohai Sea

2014 年渤海生态环境监测
Distributions of eco-environmental monitoring factors in the Bohai Sea in 2014

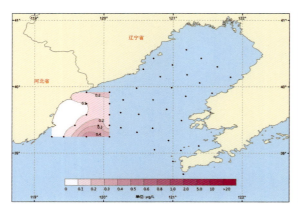

1- 辽东湾（底层）

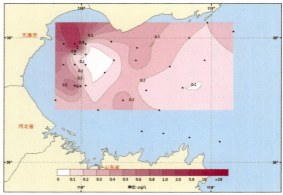

2- 渤海湾（底层）

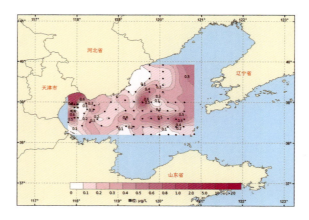

3- 渤海（底层）

渤海生态环境监测图集 Altas of eco-environment in the Bohai Sea

2014 年渤海生态环境监测
Distributions of eco-environmental monitoring factors in the Bohai Sea in 2014

2.1.15.4 冬季

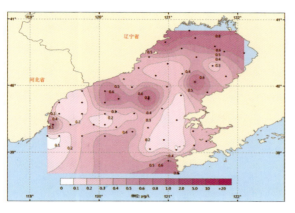

1- 辽东湾（表层）

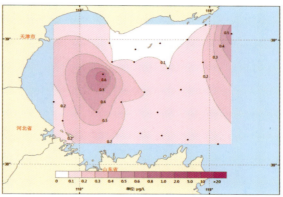

2- 渤海湾（表层）

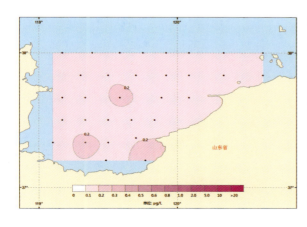

3- 莱州湾（表层）

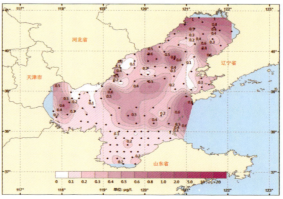

4- 渤海（表层）

渤海生态环境监测图集 Altas of eco-environment in the Bohai Sea

2014年渤海生态环境监测
Distributions of eco-environmental monitoring factors in the Bohai Sea in 2014

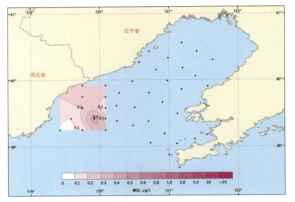

1- 辽东湾（底层）

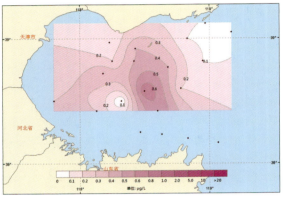

2- 渤海湾（底层）

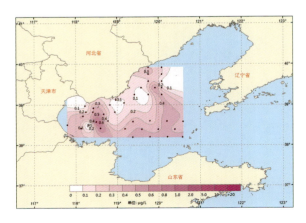

3- 渤海（底层）

渤海生态环境监测图集 Atlas of eco-environment in the Bohai Sea

2 2014年渤海生态环境监测
Distributions of eco-environmental monitoring factors in the Bohai Sea in 2014

2.1.16 汞分布图

2.1.16.1 春季

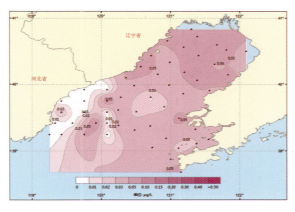

1- 辽东湾（表层）

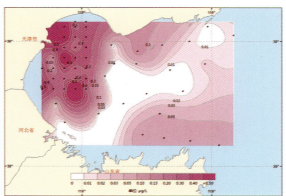

2- 渤海湾（表层）

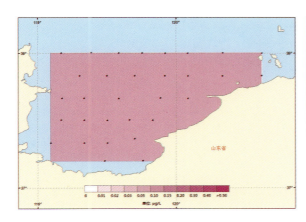

3- 莱州湾（表层）

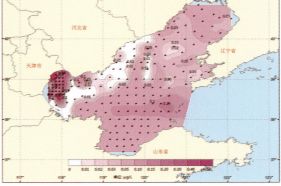

4- 渤海（表层）

渤海生态环境监测图集 Altas of eco-environment in the Bohai Sea

2014 年渤海生态环境监测
Distributions of eco-environmental monitoring factors in the Bohai Sea in 2014

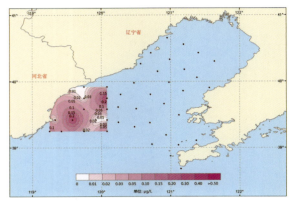

1- 辽东湾（底层）

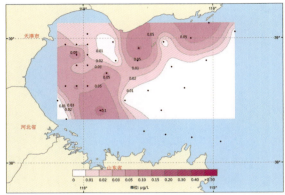

2- 渤海湾（底层）

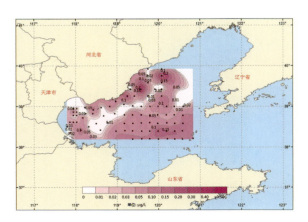

3- 渤海（底层）

渤海生态环境监测图集 Altas of eco-environment in the Bohai Sea

2014 年渤海生态环境监测
Distributions of eco-environmental monitoring factors in the Bohai Sea in 2014

2.1.16.2 夏季

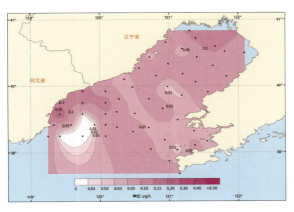

1- 辽东湾（表层）

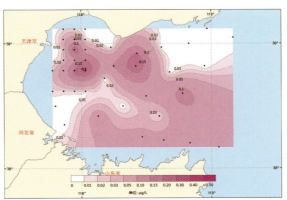

2- 渤海湾（表层）

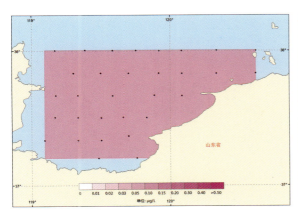

3- 莱州湾（表层）

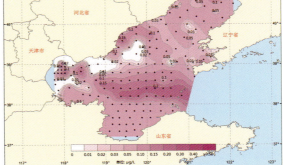

4- 渤海（表层）

- 297 -

2014 年渤海生态环境监测
Distributions of eco-environmental monitoring factors in the Bohai Sea in 2014

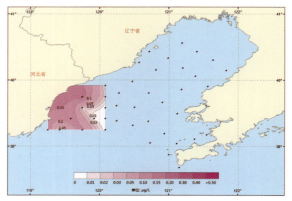

1- 辽东湾（底层）

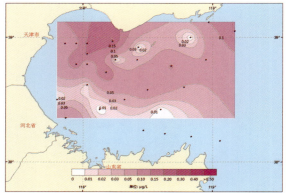

2- 渤海湾（底层）

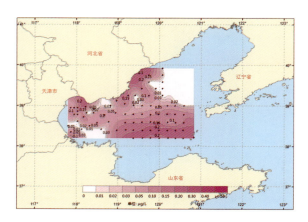

3- 渤海（底层）

渤海生态环境监测图集 Altas of eco-environment in the Bohai Sea

2014 年渤海生态环境监测
Distributions of eco-environmental monitoring factors in the Bohai Sea in 2014

2.1.16.3 秋季

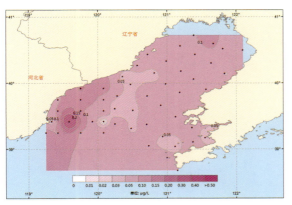

1- 辽东湾（表层）

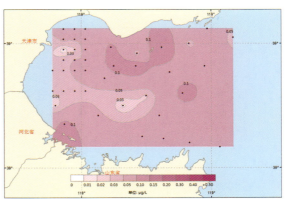

2- 渤海湾（表层）

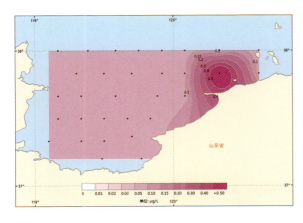

3- 莱州湾（表层）

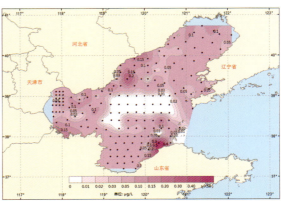

4- 渤海（表层）

- 299 -

渤海生态环境监测图集 Altas of eco-environment in the Bohai Sea

2014 年渤海生态环境监测
Distributions of eco-environmental monitoring factors in the Bohai Sea in 2014

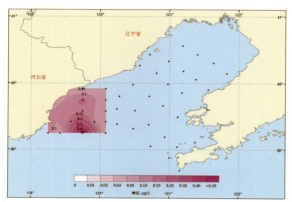

1- 辽东湾（底层）

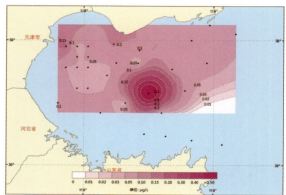

2- 渤海湾（底层）

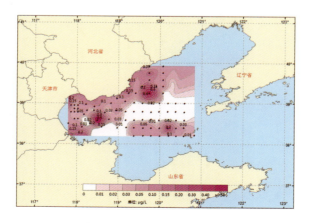

3- 渤海（底层）

渤海生态环境监测图集 Altas of eco-environment in the Bohai Sea

2014 年渤海生态环境监测
Distributions of eco-environmental monitoring factors in the Bohai Sea in 2014

2.1.16.4 冬季

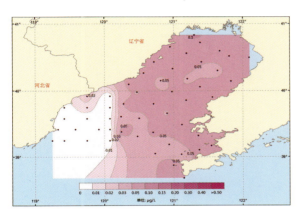

1- 辽东湾（表层）

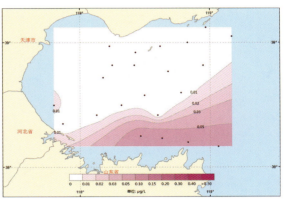

2- 渤海湾（表层）

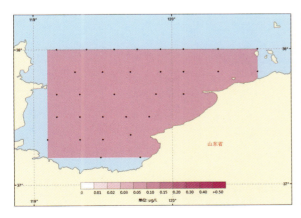

3- 莱州湾（表层）

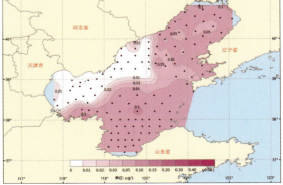

4- 渤海（表层）

渤海生态环境监测图集 Altas of eco-environment in the Bohai Sea

2014 年渤海生态环境监测
Distributions of eco-environmental monitoring factors in the Bohai Sea in 2014

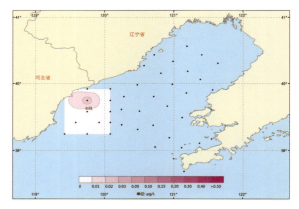

1- 辽东湾（底层）

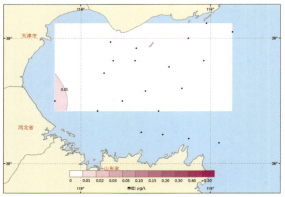

2- 渤海湾（底层）

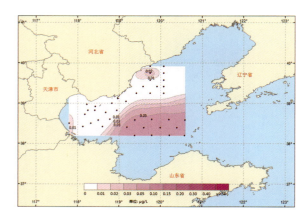

3- 渤海（底层）

渤海生态环境监测图集 Altas of eco-environment in the Bohai Sea

2014 年渤海生态环境监测
Distributions of eco-environmental monitoring factors in the Bohai Sea in 2014

2.1.17　砷分布图

2.1.17.1　春季

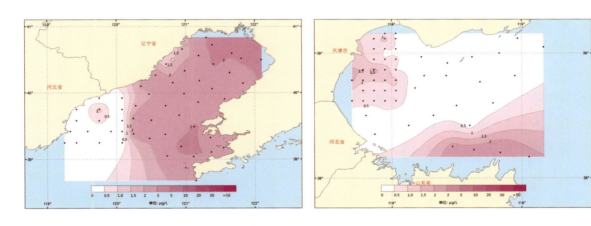

1- 辽东湾（表层）　　　　　　　　2- 渤海湾（表层）

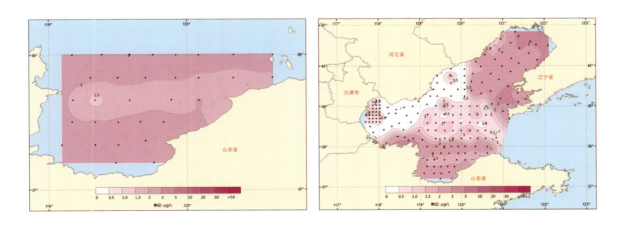

3- 莱州湾（表层）　　　　　　　　4- 渤海（表层）

渤海生态环境监测图集 Altas of eco-environment in the Bohai Sea

2014 年渤海生态环境监测
Distributions of eco-environmental monitoring factors in the Bohai Sea in 2014

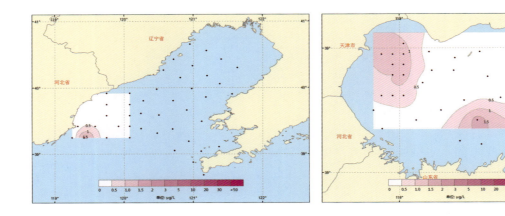

1- 辽东湾（底层）　　　　　　　　　　　2- 渤海湾（底层）

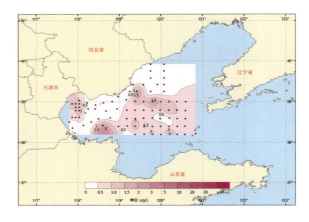

3- 渤海（底层）

渤海生态环境监测图集 Altas of eco-environment in the Bohai Sea

2014 年渤海生态环境监测
Distributions of eco-environmental monitoring factors in the Bohai Sea in 2014

2.1.17.2 夏季

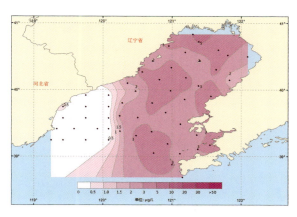

1- 辽东湾（表层）

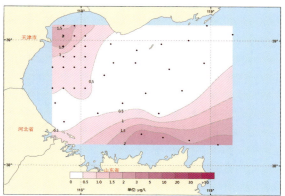

2- 渤海湾（表层）

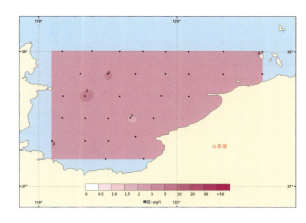

3- 莱州湾（表层）

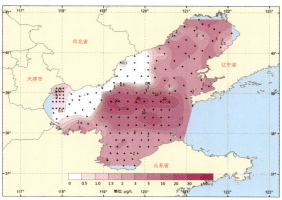

4- 渤海（表层）

渤海生态环境监测图集 Altas of eco-environment in the Bohai Sea

2014 年渤海生态环境监测
Distributions of eco-environmental monitoring factors in the Bohai Sea in 2014

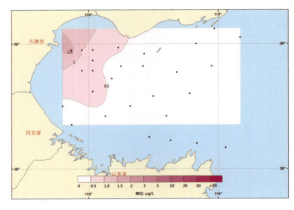

1- 渤海湾（底层）

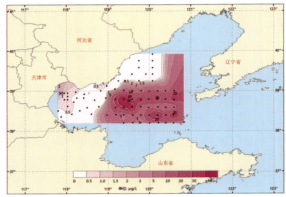

2- 渤海（底层）

渤海生态环境监测图集 Altas of eco-environment in the Bohai Sea

2014 年渤海生态环境监测
Distributions of eco-environmental monitoring factors in the Bohai Sea in 2014

2.1.17.3 秋季

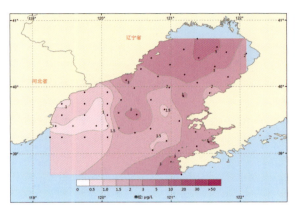

1- 辽东湾（表层）

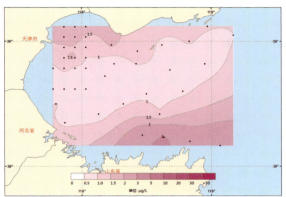

2- 渤海湾（表层）

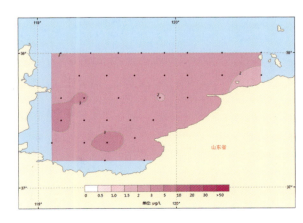

3- 莱州湾（表层）

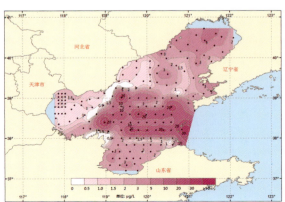

4- 渤海（表层）

渤海生态环境监测图集 Altas of eco-environment in the Bohai Sea

2014 年渤海生态环境监测
Distributions of eco-environmental monitoring factors in the Bohai Sea in 2014

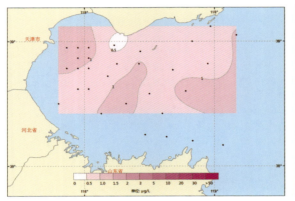

1- 渤海湾（底层）

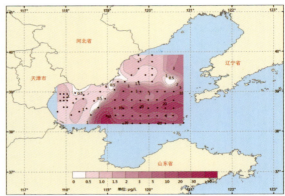

2- 渤海（底层）

渤海生态环境监测图集 Altas of eco-environment in the Bohai Sea

2 2014 年渤海生态环境监测
Distributions of eco-environmental monitoring factors in the Bohai Sea in 2014

2.1.17.4　冬季

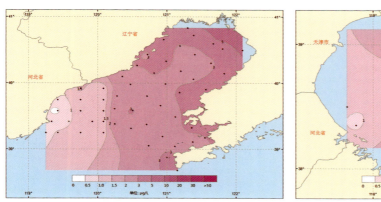

1- 辽东湾（表层）　　　　　　　　2- 渤海湾（表层）

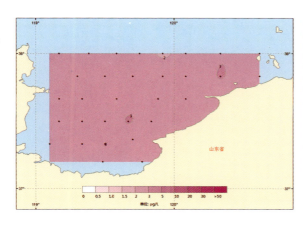
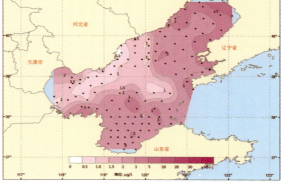

3- 莱州湾（表层）　　　　　　　　4- 渤海（表层）

渤海生态环境监测图集 Altas of eco-environment in the Bohai Sea

2 2014年渤海生态环境监测
Distributions of eco-environmental monitoring factors in the Bohai Sea in 2014

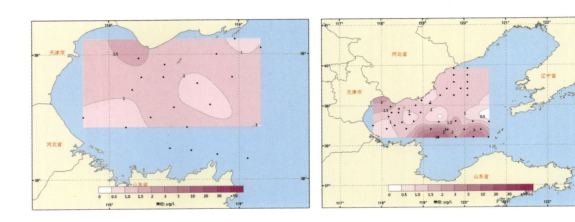

1- 渤海湾（底层）　　　　　　　　2- 渤海（底层）

2 2014年渤海生态环境监测
Distributions of eco-environmental monitoring factors in the Bohai Sea in 2014

2.2 沉积环境

2.2.1 石油类分布图

2.2.1.1 春季

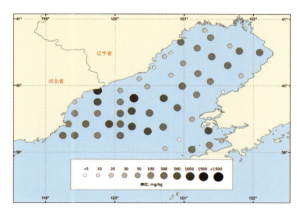

1- 辽东湾

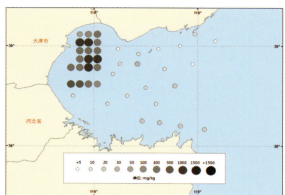

2- 渤海湾

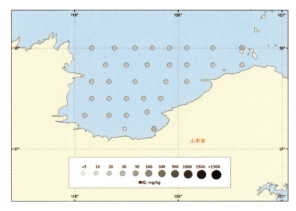

3- 莱州湾

4- 渤海

渤海生态环境监测图集 Atlas of eco-environment in the Bohai Sea

2014 年渤海生态环境监测
Distributions of eco-environmental monitoring factors in the Bohai Sea in 2014

2.2.1.2 夏季

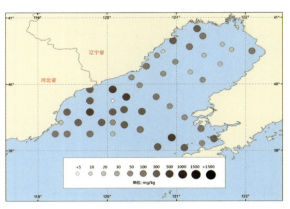

1- 辽东湾

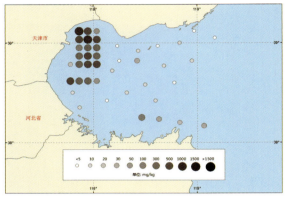

2- 渤海湾

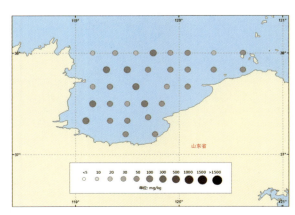

3- 莱州湾

4- 渤海

渤海生态环境监测图集 Altas of eco-environment in the Bohai Sea

2014 年渤海生态环境监测
Distributions of eco-environmental monitoring factors in the Bohai Sea in 2014

2.2.1.3 秋季

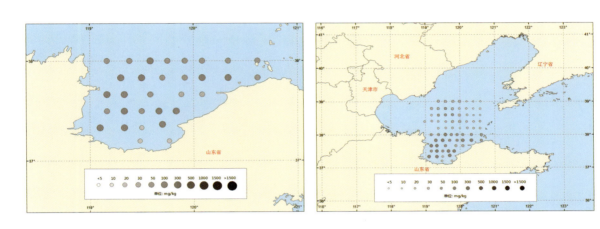

1- 莱州湾　　　　　　　　　　　　2- 渤海

2.2.1.4 冬季

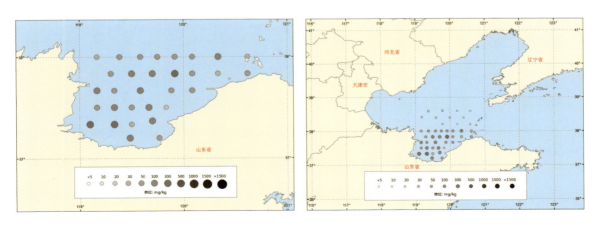

1- 莱州湾　　　　　　　　　　　　2- 渤海

渤海生态环境监测图集 Altas of eco-environment in the Bohai Sea

2014 年渤海生态环境监测
Distributions of eco-environmental monitoring factors in the Bohai Sea in 2014

2.2.2 铜分布图

2.2.2.1 春季

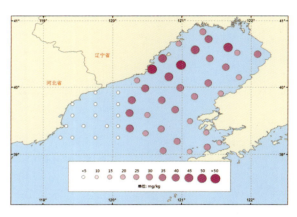

1- 辽东湾

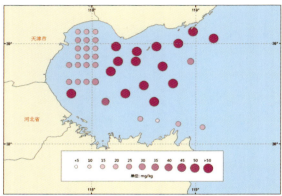

2- 渤海湾

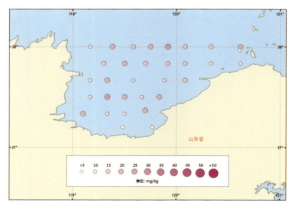

3- 莱州湾

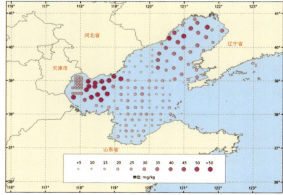

4- 渤海

- 314 -

渤海生态环境监测图集 Altas of eco-environment in the Bohai Sea

2014 年渤海生态环境监测
Distributions of eco-environmental monitoring factors in the Bohai Sea in 2014

2.2.2.2 夏季

1- 辽东湾

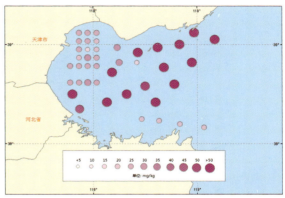

2- 渤海湾

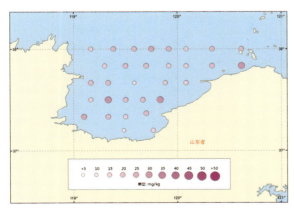

3- 莱州湾

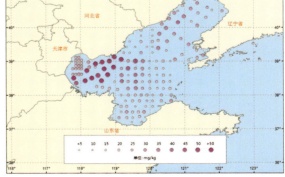

4- 渤海

2014年渤海生态环境监测
Distributions of eco-environmental monitoring factors in the Bohai Sea in 2014

2.2.2.3 秋季

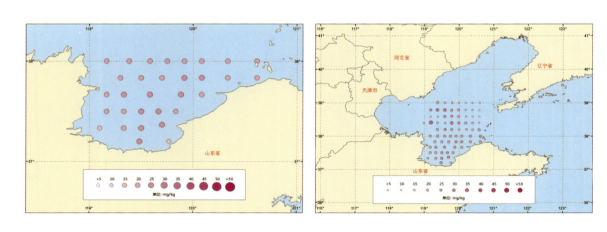

1- 莱州湾　　　　　　　　　　　　　　2- 渤海

2.2.2.4 冬季

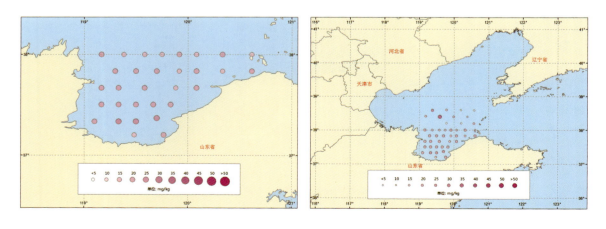

1- 莱州湾　　　　　　　　　　　　　　2- 渤海

2014年渤海生态环境监测
Distributions of eco-environmental monitoring factors in the Bohai Sea in 2014

2.2.3 铅分布图
2.2.3.1 春季

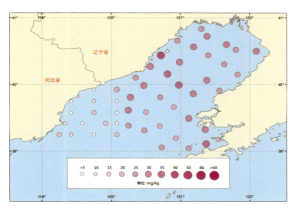

1- 辽东湾

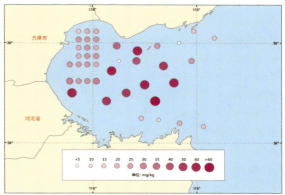

2- 渤海湾

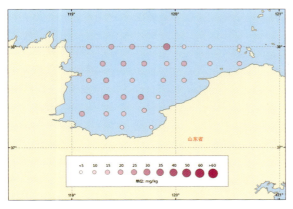

3- 莱州湾

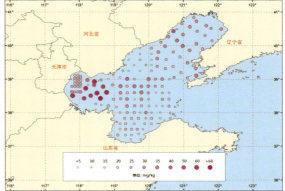

4- 渤海

2014年渤海生态环境监测
Distributions of eco-environmental monitoring factors in the Bohai Sea in 2014

2.2.3.2 夏季

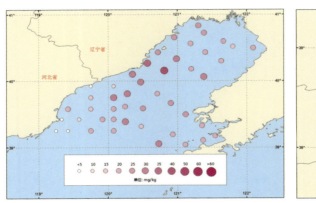

1- 辽东湾

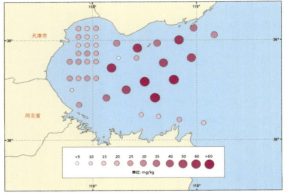

2- 渤海湾

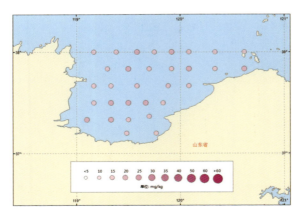

3- 莱州湾

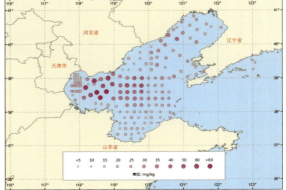

4- 渤海

渤海生态环境监测图集 Altas of eco-environment in the Bohai Sea

2014 年渤海生态环境监测
Distributions of eco-environmental monitoring factors in the Bohai Sea in 2014

2.2.3.3 秋季

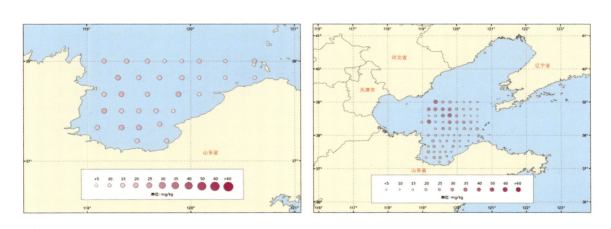

1- 莱州湾　　　　　　　　　　　　　　　　2- 渤海

2.2.3.4 冬季

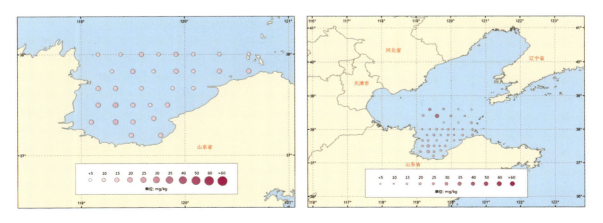

1- 莱州湾　　　　　　　　　　　　　　　　2- 渤海

2 2014年渤海生态环境监测
Distributions of eco-environmental monitoring factors in the Bohai Sea in 2014

2.2.4 锌分布图

2.2.4.1 春季

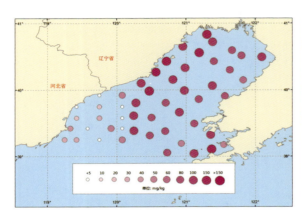

1- 辽东湾

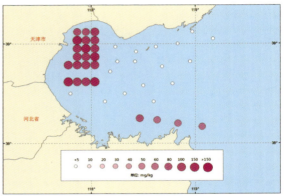

2- 渤海湾

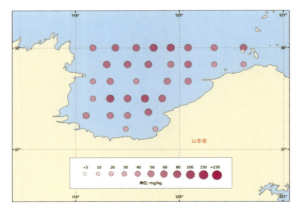

3- 莱州湾

4- 渤海

2014年渤海生态环境监测
Distributions of eco-environmental monitoring factors in the Bohai Sea in 2014

2.2.4.2 夏季

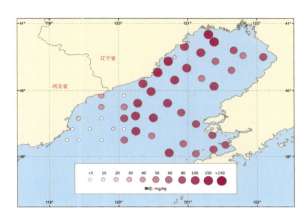

1- 辽东湾

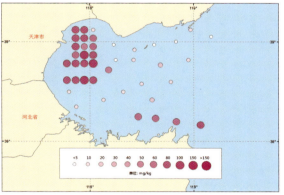

2- 渤海湾

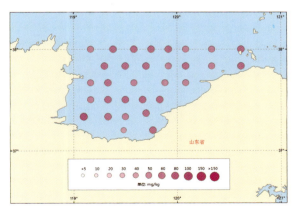

3- 莱州湾

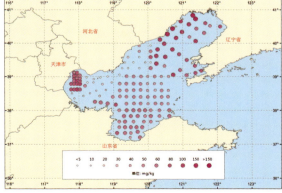

4- 渤海

2.2.4.3 秋季

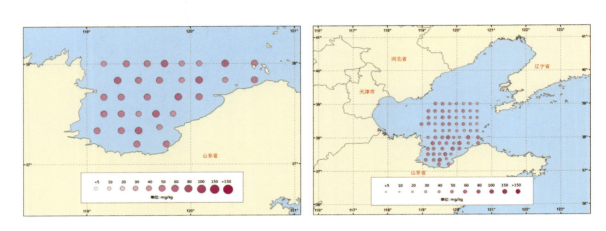

1- 莱州湾　　　　　　　　　　　　　　2- 渤海

2.2.4.4 冬季

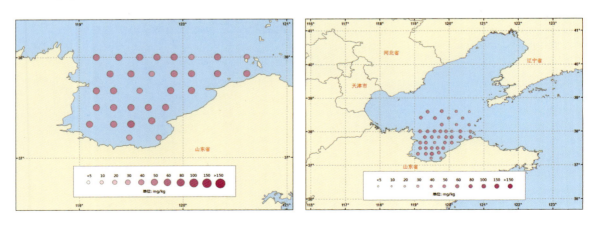

1- 莱州湾　　　　　　　　　　　　　　2- 渤海

2014年渤海生态环境监测
Distributions of eco-environmental monitoring factors in the Bohai Sea in 2014

2.2.5 镉分布图

2.2.5.1 春季

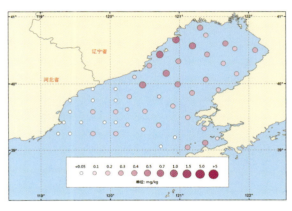

1- 辽东湾

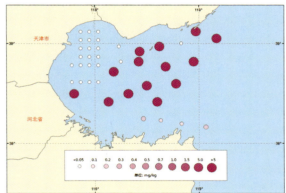

2- 渤海湾

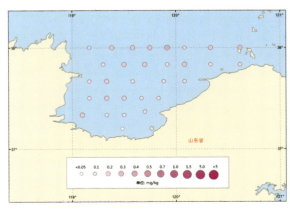

3- 莱州湾

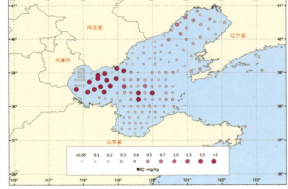

4- 渤海

2.2.5.2 夏季

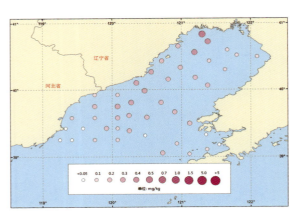

1- 辽东湾

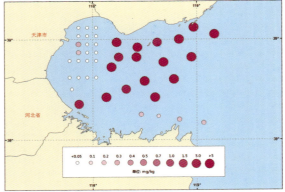

2- 渤海湾

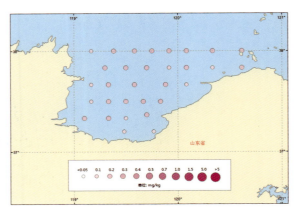

3- 莱州湾

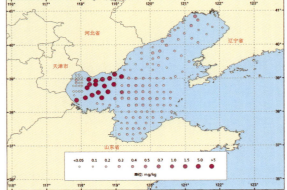

4- 渤海

2014年渤海生态环境监测
Distributions of eco-environmental monitoring factors in the Bohai Sea in 2014

2.2.5.3 秋季

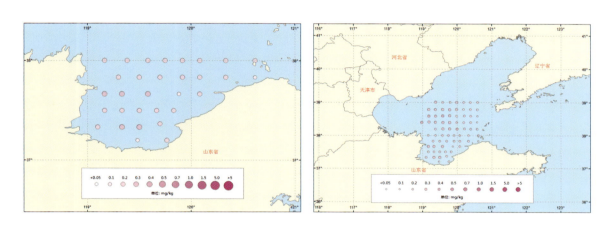

1- 莱州湾　　　　　　　　　　　　2- 渤海

2.2.5.4 冬季

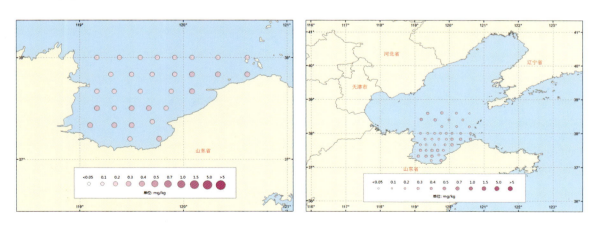

1- 莱州湾　　　　　　　　　　　　2- 渤海

2014年渤海生态环境监测
Distributions of eco-environmental monitoring factors in the Bohai Sea in 2014

2.2.6 汞分布图

2.2.6.1 春季

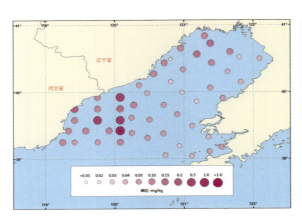

1- 辽东湾

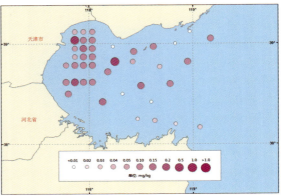

2- 渤海湾

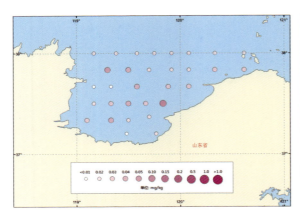

3- 莱州湾

4- 渤海

2014 年渤海生态环境监测
Distributions of eco-environmental monitoring factors in the Bohai Sea in 2014

2.2.6.2 夏季

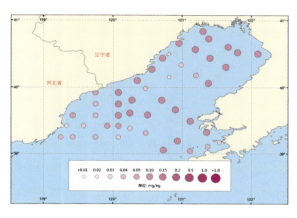

1- 辽东湾

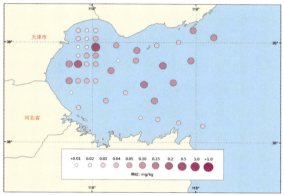

2- 渤海湾

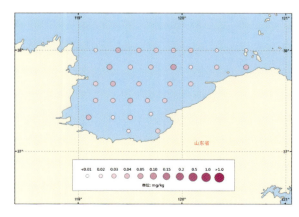

3- 莱州湾

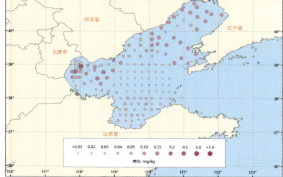

4- 渤海

2.2.6.3 秋季

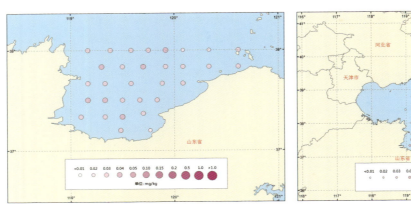

1- 莱州湾　　　　　　　　　　　2- 渤海

2.2.6.4 冬季

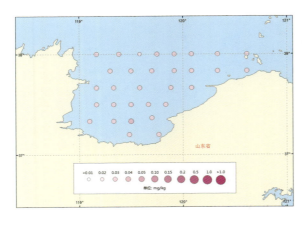

1- 莱州湾　　　　　　　　　　　2- 渤海

渤海生态环境监测图集 Altas of eco-environment in the Bohai Sea

2014 年渤海生态环境监测
Distributions of eco-environmental monitoring factors in the Bohai Sea in 2014

2.2.7 砷分布图

2.2.7.1 春季

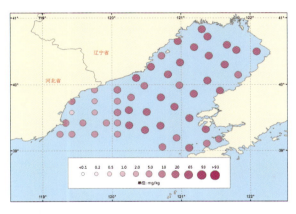

1- 辽东湾

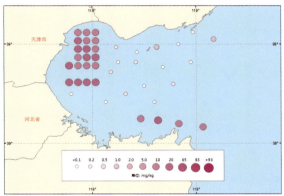

2- 渤海湾

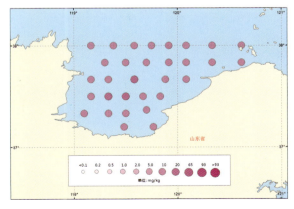

3- 莱州湾

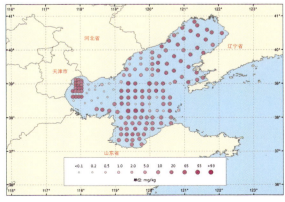

4- 渤海

渤海生态环境监测图集 Atlas of eco-environment in the Bohai Sea

2014 年渤海生态环境监测
Distributions of eco-environmental monitoring factors in the Bohai Sea in 2014

2.2.7.2 夏季

1- 辽东湾

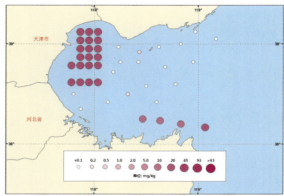

2- 渤海湾

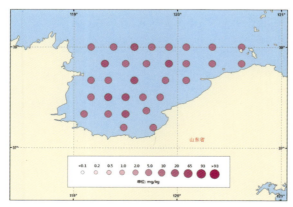

3- 莱州湾

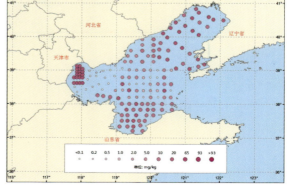

4- 渤海

渤海生态环境监测图集 Atlas of eco-environment in the Bohai Sea

2014 年渤海生态环境监测
Distributions of eco-environmental monitoring factors in the Bohai Sea in 2014

2.2.7.3 秋季

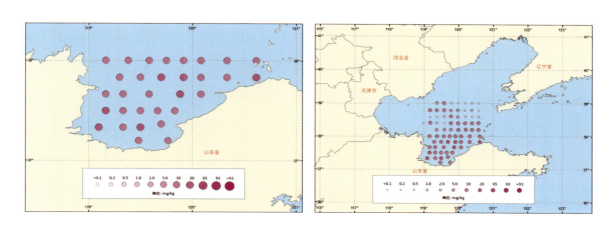

1- 莱州湾　　　　　　　　　　　　　2- 渤海

2.2.7.4 冬季

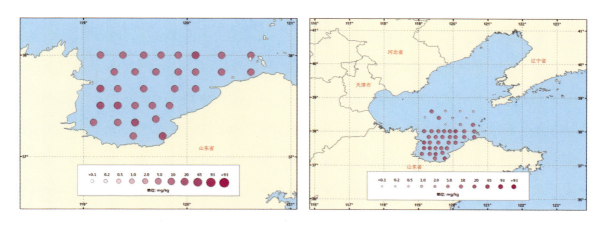

1- 莱州湾　　　　　　　　　　　　　2- 渤海

渤海生态环境监测图集 Atlas of eco-environment in the Bohai Sea

2014 年渤海生态环境监测
Distributions of eco-environmental monitoring factors in the Bohai Sea in 2014

2.3 生物环境

2.3.1 叶绿素分布图

2.3.1.1 春季

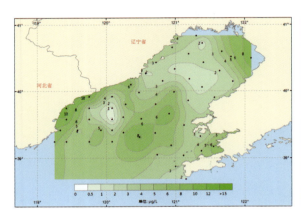

1- 辽东湾（表层）

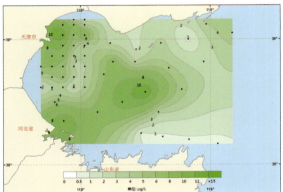

2- 渤海湾（表层）

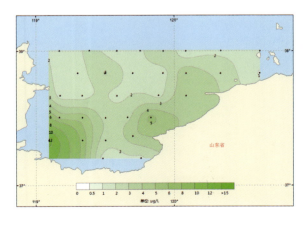

3- 莱州湾（表层）

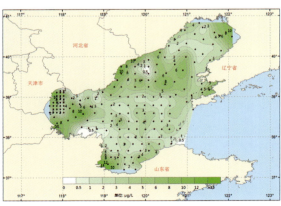

4- 渤海（表层）

渤海生态环境监测图集 Altas of eco-environment in the Bohai Sea

2014 年渤海生态环境监测
Distributions of eco-environmental monitoring factors in the Bohai Sea in 2014

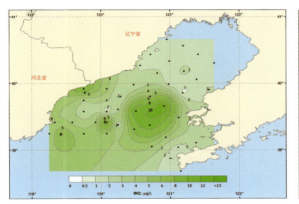

1- 辽东湾（底层）

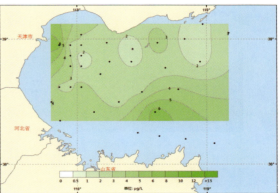

2- 渤海湾（底层）

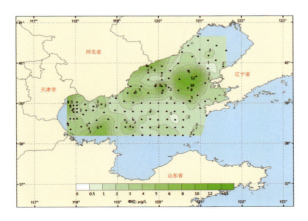

3- 渤海（底层）

渤海生态环境监测图集 Altas of eco-environment in the Bohai Sea

2 2014年渤海生态环境监测
Distributions of eco-environmental monitoring factors in the Bohai Sea in 2014

2.3.1.2 夏季

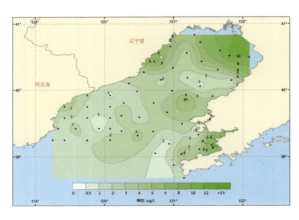

1- 辽东湾（表层）

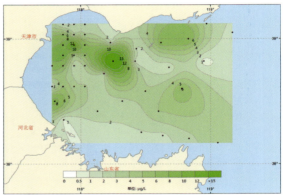

2- 渤海湾（表层）

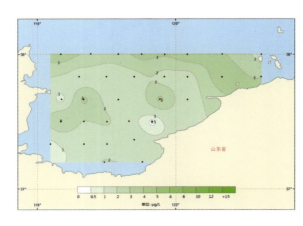

3- 莱州湾（表层）

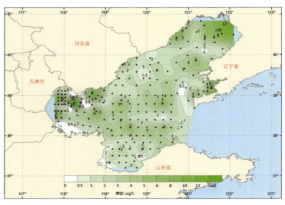

4- 渤海（表层）

渤海生态环境监测图集 Altas of eco-environment in the Bohai Sea

2014 年渤海生态环境监测
Distributions of eco-environmental monitoring factors in the Bohai Sea in 2014

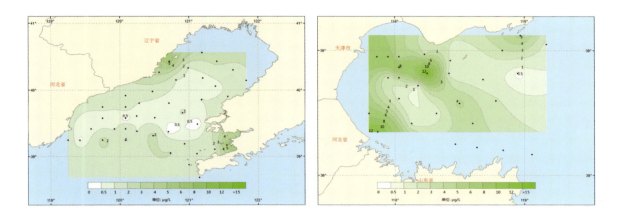

1- 辽东湾（底层）　　　　　　　　　　　2- 渤海湾（底层）

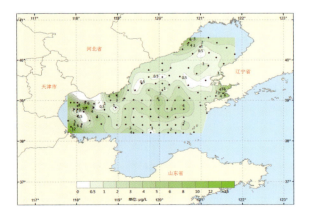

3- 渤海（底层）

渤海生态环境监测图集 Altas of eco-environment in the Bohai Sea

2

2014 年渤海生态环境监测
Distributions of eco-environmental monitoring factors in the Bohai Sea in 2014

2.3.1.3 秋季

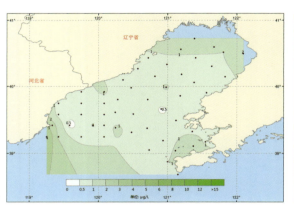

1- 辽东湾（表层）

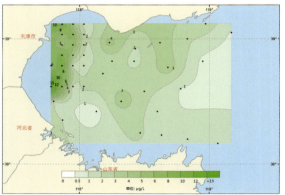

2- 渤海湾（表层）

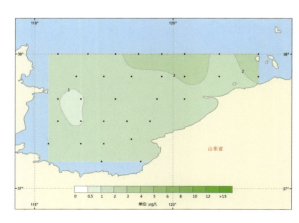

3- 莱州湾（表层）

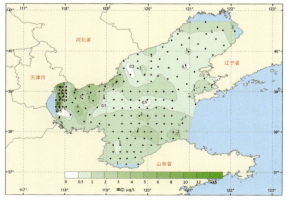

4- 渤海（表层）

渤海生态环境监测图集 Altas of eco-environment in the Bohai Sea

2 2014 年渤海生态环境监测
Distributions of eco-environmental monitoring factors in the Bohai Sea in 2014

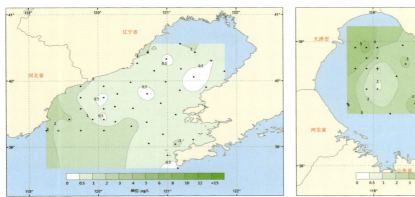

1- 辽东湾（底层）   2- 渤海湾（底层）

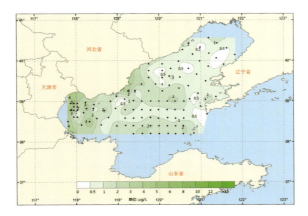

3- 渤海（底层）

2014年渤海生态环境监测
Distributions of eco-environmental monitoring factors in the Bohai Sea in 2014

2.3.1.4 冬季

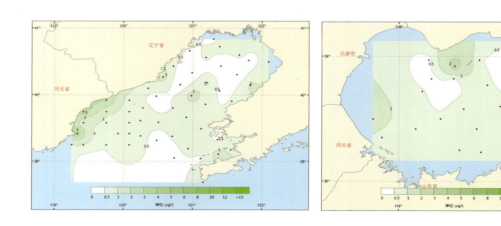

1- 辽东湾（表层）　　　　　　　　2- 渤海湾（表层）

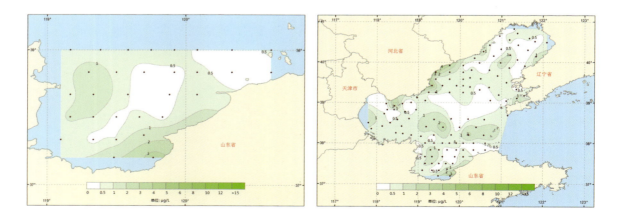

3- 莱州湾（表层）　　　　　　　　4- 渤海（表层）

渤海生态环境监测图集 Altas of eco-environment in the Bohai Sea

2014 年渤海生态环境监测
Distributions of eco-environmental monitoring factors in the Bohai Sea in 2014

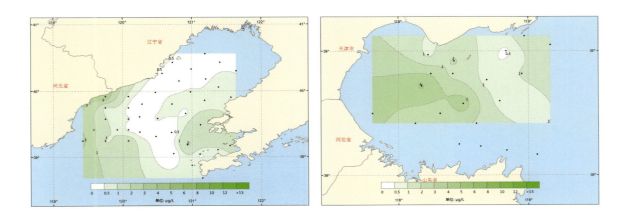

1- 辽东湾（底层）　　　　　　　2- 渤海湾（底层）

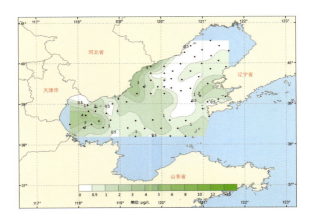

3- 渤海（底层）

渤海生态环境监测图集 Altas of eco-environment in the Bohai Sea

2014 年渤海生态环境监测
Distributions of eco-environmental monitoring factors in the Bohai Sea in 2014

2.3.2 浮游植物分布图

2.3.2.1 春季

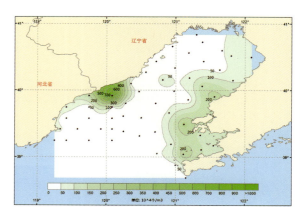

1- 辽东湾 丰度

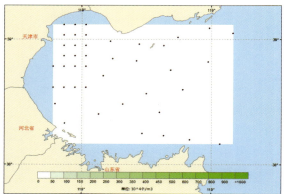

2- 渤海湾 丰度

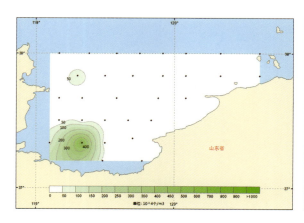

3- 莱州湾 丰度

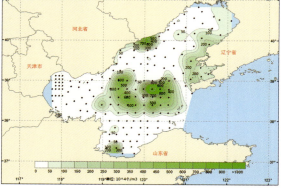

4- 渤海 丰度

2014 年渤海生态环境监测
Distributions of eco-environmental monitoring factors in the Bohai Sea in 2014

2.3.2.2 夏季

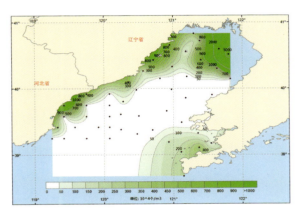

1- 辽东湾 丰度

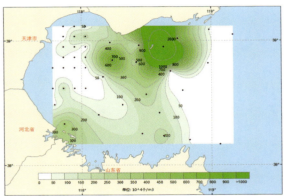

2- 渤海湾 丰度

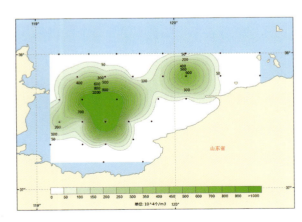

3- 莱州湾 丰度

4- 渤海 丰度

2014年渤海生态环境监测
Distributions of eco-environmental monitoring factors in the Bohai Sea in 2014

2.3.2.3 秋季

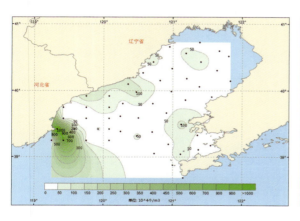

1- 辽东湾 丰度

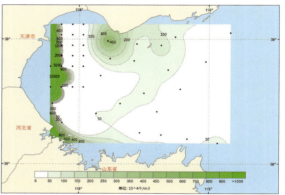

2- 渤海湾 丰度

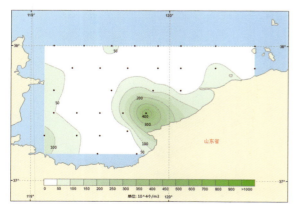

3- 莱州湾 丰度

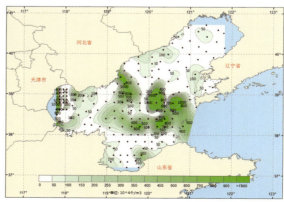

4- 渤海 丰度

渤海生态环境监测图集 Altas of eco-environment in the Bohai Sea

2 2014年渤海生态环境监测
Distributions of eco-environmental monitoring factors in the Bohai Sea in 2014

2.3.2.4 冬季

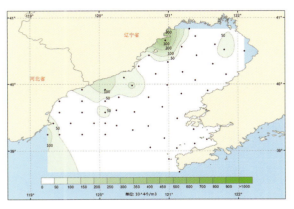

1- 辽东湾 丰度

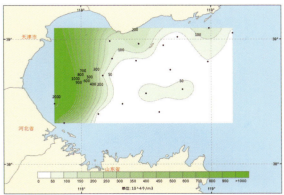

2- 渤海湾 丰度

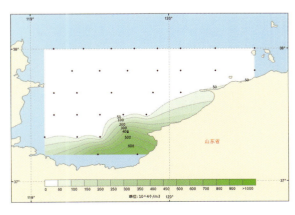

3- 莱州湾 丰度

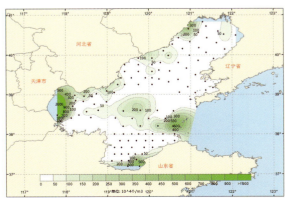

4- 渤海 丰度

渤海生态环境监测图集 Altas of eco-environment in the Bohai Sea

2014 年渤海生态环境监测
Distributions of eco-environmental monitoring factors in the Bohai Sea in 2014

2.3.3 浮游动物分布图

2.3.3.1 春季

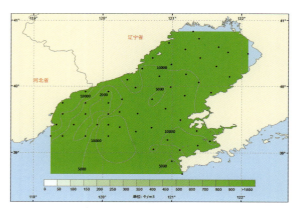

1- 辽东湾 丰度

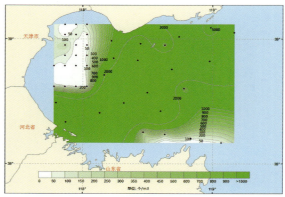

2- 渤海湾 丰度

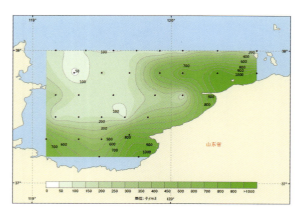

3- 莱州湾 丰度

4- 渤海 丰度

2014 年渤海生态环境监测
Distributions of eco-environmental monitoring factors in the Bohai Sea in 2014

2.3.3.2 夏季

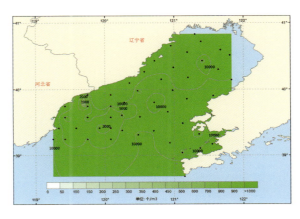

1- 辽东湾 丰度

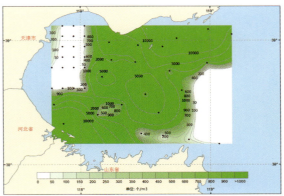

2- 渤海湾 丰度

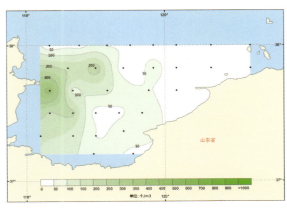

3- 莱州湾 丰度

4- 渤海 丰度

渤海生态环境监测图集 Altas of eco-environment in the Bohai Sea

2 2014 年渤海生态环境监测
Distributions of eco-environmental monitoring factors in the Bohai Sea in 2014

2.3.3.3　秋季

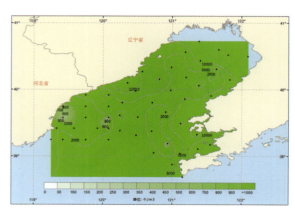

1- 辽东湾 丰度

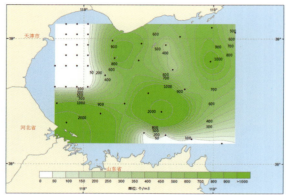

2- 渤海湾 丰度

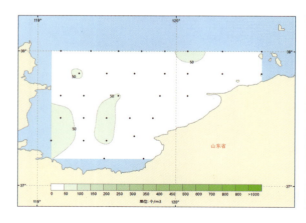

3- 莱州湾 丰度

4- 渤海 丰度

渤海生态环境监测图集 Altas of eco-environment in the Bohai Sea

2014 年渤海生态环境监测
Distributions of eco-environmental monitoring factors in the Bohai Sea in 2014

2.3.3.4 冬季

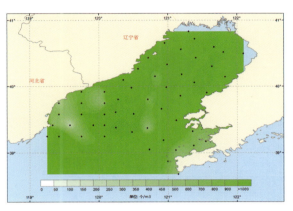

1- 辽东湾 丰度

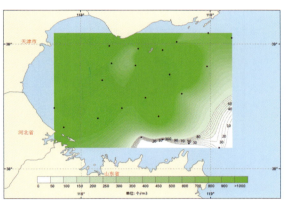

2- 渤海湾 丰度

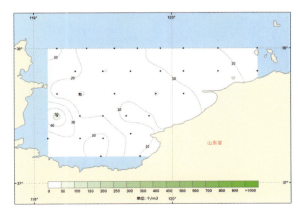

3- 莱州湾 丰度

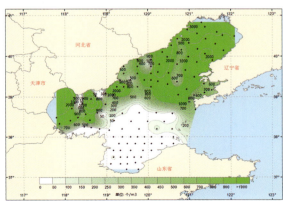

4- 渤海 丰度

附图

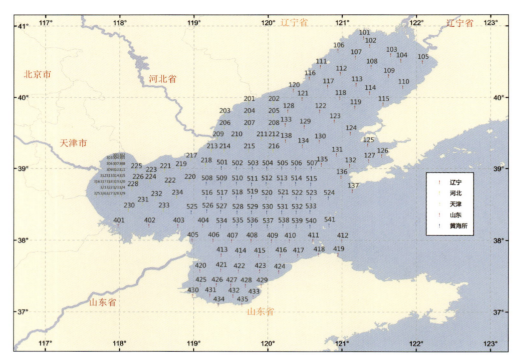

图 1 渤海监测站位图（不同监测单位）

图 2 渤海监测站位图（分海区）